JN260370

地域エネルギー発電所
事業化の最前線

小石勝朗・越膳綾子

編集協力：脱原発をめざす首長会議

現代人文社

◎はじめに

　全国各地で進む「地域エネルギー」による発電事業の事例を1冊の本にまとめようと、本書の出版企画を提案したのは、かれこれ1年以上も前だった。もちろん対象は、単に営利が目的の事業ではなく、公共性のある営みである。

　福島第1原子力発電所の事故後、2012年7月に再生可能エネルギーの固定価格全量買取制度（FIT）が始まろうとしていた。ご存じの通り、太陽光、風力、水力、地熱、バイオマスといった自然エネルギーでおこした電気を最長で20年間、決まった価格で買い取ることを電力会社に義務づけている。地域エネルギーの事業化に向け、採算の見通しが立てやすくなっていた。

　「自分たちが消費する電気は、自分たちの地域にある安全な自然資源を使って、自分たちの手でつくりたい」。志を抱く人たちが増え、原発をめぐる社会問題を取材対象にしている私たちも、そうした動きをしばしば見聞きしていた。

　そんな折、かねて取材や市民運動を通じて関わりがあった元東京都国立市長の上原公子さんが同様の事例集の出版を望んでいることを知り、協働することになった。上原さんは、全国の市区町村長に呼びかけて2012年4月に設立した「脱原発をめざす首長会議」の事務局長に就任したばかり。「自治体レベルで地域エネルギーを普及させるために、先進的なケースを集めて参考にできるようにしたい」と考えていた。

　しかし、取材は狙い通りには進まなかった。特に3・11後に動き出した地域エネルギー事業にとっては、多くの壁にぶつかり、解決策を模索していた時期と重なったからだ。事業の形が表れ出したのは、2012年の終わりごろからだろう。2013年度に入ると、発電所をはじめとする設備や組織、資金が見えてきた。出版は今にずれ込んだが、結果的にちょうど良いタイミングになったと思う。

　もう一つのタイミングとして、地域エネルギー事業は「2014年度までにどれだけ具体化できるかが勝負」と言われていることも無視できない。FITの買取価格は「制度開始後3年間は、再生可能エネルギーの集中的な利用拡

大を図るため事業者の利潤に特に配慮する」とされており、逆にその後は大幅に下がっていくことが予想される。事業として成り立たせるためには、取り組みを始めるタイムリミットが近づいている。

　さらに、地域エネルギーにとって忘れてはならないのが「家庭向け電力の小売り自由化」と「発送電分離」である。今は地域の資源でせっかく電気をおこしても、大手電力会社に売電すると、その電気は地元で消費されるとは限らない。しかし、制度が整えば大手電力会社の送配電網を使って個別に供給することが可能になり、確実に地産地消できる。

　電気事業法改正案は、小売り自由化のメドを2016年、発送電分離のメドを2018〜2020年としていたが、参院選直前の与野党対立のあおりを受け2013年6月の国会で廃案になってしまった。このため今回の取材ではあまり話題にならなかったが、自公政権が閣議決定した方針であり、ここにも地域エネルギー事業の大きな可能性が秘められている。

＊

　本書の取材・執筆にあたっては、事例集であることを念頭に、事業の内容や経緯をできるだけ詳しいデータで紹介するよう心がけた。情緒的な成功物語や地域エネルギー賛歌にとどまらせないために、事業主体からすれば都合の悪い出来事にも触れることにした。失敗もまた、後発組の大きな参考になると考えた。

　事例を選ぶ際には、広い意味での「公共」の事業を基準にした。自治体が主体のもの、官民協働型、民間主導で行政が支援しているものなど、偏らないように配慮した。そして、エネルギーの自立とともに、地域の自立、特に地域経済の自立という観点を重視した。発電に利用できる資源はあまねく各地にあり、その意味で公平だから、それをいかに地域の、経済の活性化につなげられるかが地域エネルギー事業の大事なポイント、とのスタンスに立った。

　発電の種類や地域のバランスも取って、最終的に10の事例に絞り込んだ。これらのほかにも、全国に先進的な取り組みがあることは言うまでもない。

　そんなわけで「脱原発をめざす首長会議」のメンバーではない自治体の事例も積極的に取り上げている。また、必ずしも「脱原発」を目的に掲げるケースばかりではないことを、はじめにお断りしておく。

地域エネルギーの事業化には、いろいろなアプローチがあっていい。自分たちの地域の特性を吟味し、ふさわしい手法を探っていけば、むしろさまざまな形態が出てくるのが当然なのかもしれない。これから取りかかる地域には、多様な事例の中から自分たちにマッチしたやり方を選び、参考にして、事業を築いていってほしい。本書がその一助になれば幸いである。

　一時は派手な動きでもてはやされていた脱原発デモや集会も、最近では世間の話題にすら上らなくなってしまった。反対を叫ぶだけでは、原発依存社会から脱却することはできないのだと実感する。取材の過程で、市民共同発電所をつくった市民の「脱原発のためには身近なところで実践的な一歩を踏み出さないと意味がない」という言葉が印象に残った。自然資源による安全・安心なエネルギーが広く浸透することで、結果的に原発がなくなればいいと思う。

＊

　本書の企画や構成を練る段階で、首長会議の上原さんには何度も時間を取っていただき、アイデアやアドバイスを頂戴した。初期の段階でNPO法人・環境エネルギー政策研究所（ＩＳＥＰ）の古屋将太さんから受けたレクチャーは、企画の方向を決めるうえでとても役立った。制作に至る全過程で現代人文社の成澤壽信さんの助言と叱咤激励がなければ、本書は日の目を見なかった。

　全国各地への取材では、それぞれの現場で地域エネルギー事業に携わっている方々に、長時間にわたり快く取材に応じていただいた。貴重な話を聞きながら、幾多の困難を乗り越え信念を持って前に進もうとする姿勢に何度となく感銘を受け、元気をもらったことを報告したい。

2013年9月

小石　勝朗
越膳　綾子

本書で取り上げた事例

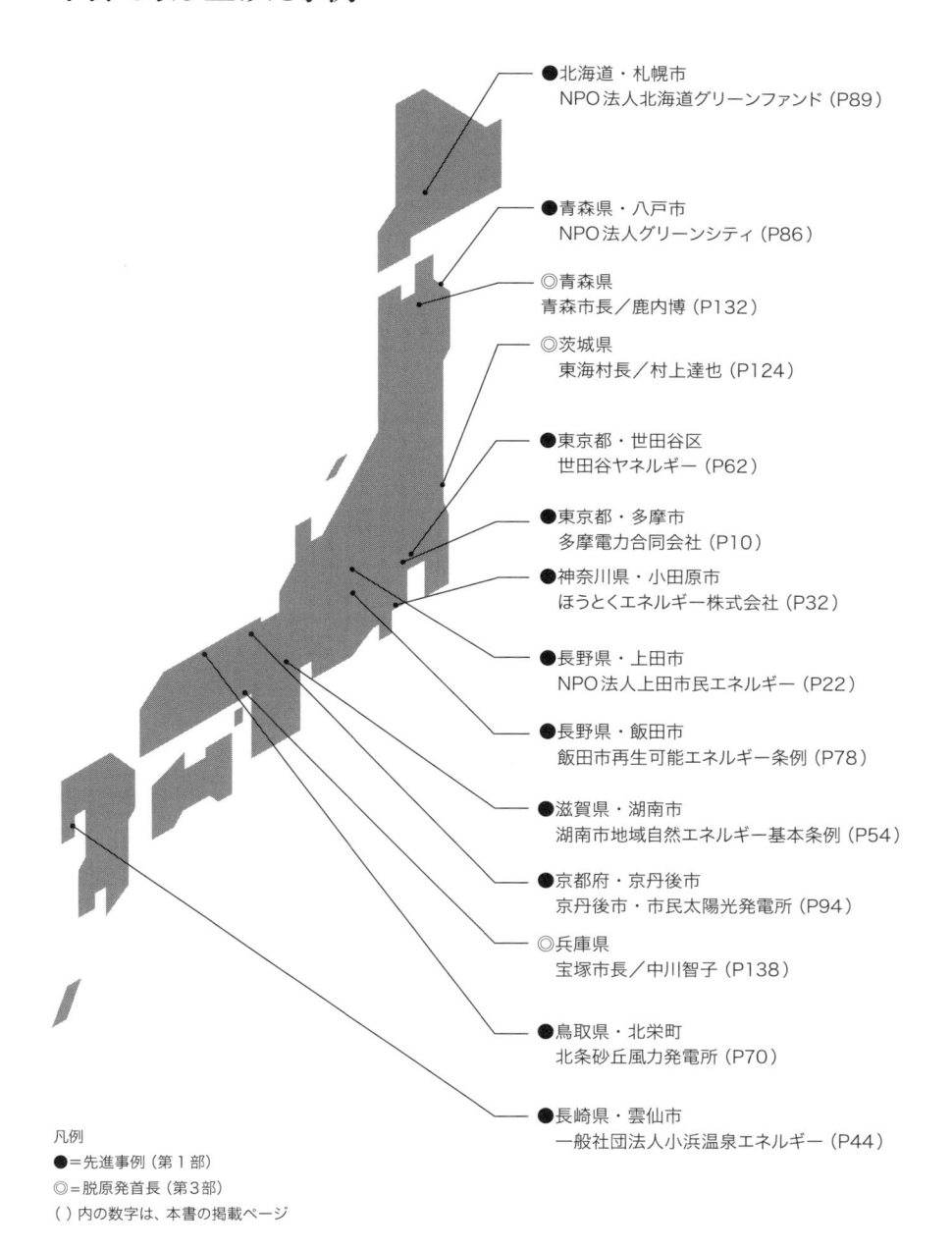

- ●北海道・札幌市
  NPO法人北海道グリーンファンド（P89）
- ●青森県・八戸市
  NPO法人グリーンシティ（P86）
- ◎青森県
  青森市長／鹿内博（P132）
- ◎茨城県
  東海村長／村上達也（P124）
- ●東京都・世田谷区
  世田谷ヤネルギー（P62）
- ●東京都・多摩市
  多摩電力合同会社（P10）
- ●神奈川県・小田原市
  ほうとくエネルギー株式会社（P32）
- ●長野県・上田市
  NPO法人上田市民エネルギー（P22）
- ●長野県・飯田市
  飯田市再生可能エネルギー条例（P78）
- ●滋賀県・湖南市
  湖南市地域自然エネルギー基本条例（P54）
- ●京都府・京丹後市
  京丹後市・市民太陽光発電所（P94）
- ◎兵庫県
  宝塚市長／中川智子（P138）
- ●鳥取県・北栄町
  北条砂丘風力発電所（P70）
- ●長崎県・雲仙市
  一般社団法人小浜温泉エネルギー（P44）

凡例
●＝先進事例（第1部）
◎＝脱原発首長（第3部）
（ ）内の数字は、本書の掲載ページ

目次

はじめに………2

第1部
各地の地域エネルギー先進事例

①多摩電力合同会社
（東京都・多摩市）
先例のない都市型
エネルギーモデル………10

②NPO法人上田市民エネルギー
（長野県・上田市）
自分たちで
未来を切り開く………22

③ほうとくエネルギー株式会社
（神奈川県・小田原市）
採算分析から事業化の
条件を探る………32

④一般社団法人小浜温泉エネルギー
（長崎県・雲仙市）
事業化の実証実験が
はじまった温泉発電………44

⑤湖南市地域自然エネルギー
基本条例（滋賀県・湖南市）
地域経済の
活性化に貢献する………54

⑥世田谷ヤネルギー
　　（東京都・世田谷区）
　　エネルギー政策の柱は
　　地産地消・地域間連携……62

⑦北条砂丘風力発電所
　　（鳥取県・北栄町）
　　堅実な運営で
　　町民への利益の還元………70

⑧飯田市再生可能エネルギー条例
　　（長野県・飯田市）
　　市民主体の発電事業の
　　ルールを定めた初の条例…78

⑨NPO法人グリーンシティ
　　（青森県・八戸市）
　　自分たちの発電で
　　地域自立の第1歩を………86

⑩京丹後市・市民太陽光発電所
　　（京都府・京丹後市）
　　市は環境整備、主役は
　　市民と地域固有の資源………94

第2部
対談
地域経済の自立をめざす
地域エネルギーづくり
エネルギー転換の最前線から学ぶ
上原公子＋寺西俊一………102

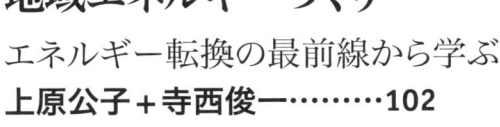

第3部
脱原発首長の挑戦
地域エネルギー政策への取組み

●村上達也　茨城県・東海村長
　原発に依存する不幸な
　社会から脱却するために
　小規模分散型
　エネルギー転換へ………124

●鹿内 博　青森県・青森市長
　国策に振り回されない
　地域づくりが脱原発社会、
　再生可能エネルギー社会
　につながる………132

●中川智子　兵庫県・宝塚市長
　安全・安心な地元の資源で
　「原発に頼らない社会」を
　未来の子どもたちに
　残す枠組みづくり………138

脱原発をめざす首長会議会員一覧………144

資料１　ほうとくエネルギー株式会社　設立趣意書………147
資料２　湖南市地域自然エネルギー基本条例………150
資料３　飯田市再生可能エネルギーの導入による持続可能な
　　　　地域づくりに関する条例………153

第1部
各地の地域エネルギー先進事例

第1部 各地の地域エネルギー先進事例❶ 東京都・多摩市

多摩電力合同会社

先例のない都市型エネルギーモデル

多摩電力が恵泉女学園大学に設置した太陽光発電所の1号機。ソーラーパネルの据え付け角度が小さいのが特徴だ（2013年7月6日、撮影／小石勝朗）

脱原発社会を実現するために、自分たちの地域でできることはないだろうか。3・11後に素朴な志を抱いた市民が集まったことが、東京都多摩市に「多摩電力」が生まれるきっかけだった。見渡せば、足元にはたくさんの集合住宅の屋根、そして多彩な知識や経験を持った人材がいる。これらを地域の「資源」ととらえて、屋根貸し方式での太陽光発電の事業化に乗り出した。1号機が稼働し、多摩地区全域を見据えて展開のピッチを上げている。

地元の大学で1号機が稼働

「本気の事業として本格ビジネスにしたいと会社を興し、第1号機がここに実を結びました。多くの方々に支えられている点が、普通の営利事業とは違う最大の特徴です。日本の未来をつくっていく事業として、世代を超えて引き継いでいきたい。さらに多くの皆さんの応援をお願いします」。

2013年7月6日、東京都多摩市の恵泉女学園大学で、南野校舎に完成した太陽光発電所の発電開始式が行われた。設置したのは、2012年10月に発足した「たまでん」こと多摩電力合同会社。代表の山川陽一さん（74歳）は約80人の参加者を前に、感慨と決意を込めた口調でこう語った。

恵泉女学園大の川島堅二学長は「場所をお貸しすることについては理事会で議論がありましたが、大学の地域貢献の一環という強い意思の表れです。こうした試みが全国に広がり、新しいエネルギー供給の仕組みとして型を示せたら素晴らしい」とあいさつ。多摩市の阿部裕行市長も「原子力に依存しないために皆さんが立ち上がり、地域の中で、自らの手と足で動き出したことに敬意を表します」とエールを送った。

国内最大規模の約3000ヘクタールで計画され、1971年に入居が始まった東京郊外の多摩ニュータウン。多摩市をはじめ4市にわたり、約21万人が暮らしている。たまでんによる最初の太陽光発電所は、その中心の多摩センター駅から車で10分ほど、3階建て校舎の屋上にある。

約500平方メートルに、120枚のソーラーパネルが並ぶ。発電容量は30キロワット。年間約2万8000キロワット時の電気をおこして全量を東京電力に売電し、100万円余の収入を見込んでいる。非常時の電源にもなる。900万円の事業費は、1口30万円の私募債で集めた。

パネルの設置にあたって、2つの工夫を施している。1つはパネルの角度。風にあおられたり地震で倒れたりしにくいように、12度と平らに近い傾きに設定した。それによって、1枚19キログラムのパネルを120キログラムのブロックの重しだけで支える方式とし、屋上の床に固定ボルトの穴

を開けるといった加工を避けたことが、もう1つだ。雨漏りの心配を防ぐとともに、建て替えの際にパネルの移動が容易になる利点もある。

　名づけて「置くだけ工法」。風速60メートルまで耐えられ、発電効率も変わらないとみている。場所によって角度や重しの量は調整するが、建物の所有者にソーラーパネルの設置を受け入れてもらいやすくして、発電所の数を増やすために知恵を絞った。

　たまでんは2013年度の1年間に、計1000キロワット（1メガワット）分の太陽光発電所を具体化することを目標にしている。

築かれつつあった「人」のネットワーク

　たまでんの営みの原点は3・11である。

　福島第1原子力発電所の事故を受け、多摩市でも市民の間から「原発依存から脱却するために、自分たちの地域でできることはないか探ろう」と声が上がった。

　2011年5月、「エネルギーシフトをすすめる多摩の会」（エネシフ多摩）が発足する。「自分たちが『知らなかったこと』を反省し、勉強したいというのが出発点でした」。中心メンバーの1人で、地域情報サイト「たまプレ！」を運営する高森郁哉さん（49歳）が振り返る。

　エネシフ多摩はシンポジウムや勉強会を相次いで開き、同8月、長野県飯田市の地域エネルギー事業会社「おひさま進歩エネルギー」の原亮弘社長を招いた講演会で、地域で再生可能エネルギーの事業化を目指すイメージが固まった。

　しかし、2011年度の環境省の「地域主導型再生可能エネルギー事業化検討業務」に応募するも、不採択に。エネシフ多摩のメンバー間での志向の違いもあり、「ちょっと火が消えかかりました」（山川さん）。ここが最初の正念場だった。

　取組みが続いたのは、数カ月の活動を通じて「人」のネットワークが築かれつつあったからだ。環境、建築、まちおこしといった地域活動に携わっていたり、多分野の経験や専門知識を持っていたりする地元の面々に、互

多摩エネ協の設立総会後に催された記念講演会。約130人が参加した（2012年5月11日、多摩循環型エネルギー協会提供）

　いの顔が見える形でつながりが生まれ始めていた。自ずと「もう一度、真剣にやろう」という声が出た。

　会員30人で「多摩市循環型エネルギー協議会」（その後、「多摩循環型エネルギー協会」に改称。以下「エネ協」）が誕生したのは、2012年5月11日。最初は任意団体だったが、「本気度を示すためにも法人格を」と2カ月後に一般社団法人に移行する。

　代表には、多摩市在住の写真家でノンフィクション作家の桃井和馬さん（51歳）が就いた。地球環境などのテーマを追って世界140カ国を訪れたり、原発事故後の福島を取材したりする一方で、地元の若者を地球一周の船旅「ピースボート」に派遣する地域プロジェクトを主導していた。「思いを持っていて、本気で先頭に立ってくれる人」と白羽の矢が立った。

　桃井さんは2013年3月の活動報告会で「私たちがやろうとしているのは、エネルギーをつくることを通して、コミュニティーを、社会を変えていくこと。生きていて良かったと感じるための、大きな大きなプロジェクトです」と熱く語っている。

①東京都・多摩市／多摩電力合同会社

ソーシャルビジネスとしての発電所

　では、具体的に何をやるか。山川さんは当時の様子を、こう話す。
　「身近の小さいことから始めたら、という意見もありましたが、発電所をモニュメントで終わらせたくない気持ちでした。ソーシャルビジネスを事業として成り立たせるためには、規模を大きくして、お金を儲けないと次につながりません。もちろん、お金のために動いているわけではないですが、いつまでもボランティアの状態だと、結局、真の社会貢献はできない。本気の事業にするべく、スキームを考え続けました」。
　メンバーで意見を交わすうち、ごく自然にたどり着いた結論が「ここには豊富な屋根と人材があるじゃないか」（桃井さん）。
　自分たちの足元の多摩ニュータウン。多摩市の面積の半分以上を占め、人口（14万6000人）の7割近くが住んでいる。集合住宅が集まっていて屋上がたくさんあるのに、着目されず、使われてこなかった。その屋根を太陽光発電に活用できる。消費するだけだったエネルギーを自らつくり出せる。先例のない都市型エネルギーのモデルになる。そして、事業を支えられる多彩な人材が、地元にたくさんいる——。
　「屋根と人材」を地域固有の資源に見立て、地域の人たちの手で、集合住宅や公共施設の屋根を借りる形で太陽光発電の事業を展開していくことが決まった。
　山川さんの息子の勇一郎さん（37歳）が静岡での仕事を退職して多摩市にUターンし、2013年4月から事業に参加することになった。若手が入ることで、人材の幅がまた広がった。

エネ協とたまでんの二人三脚

　2度目の挑戦で、エネ協は2012年度の環境省の「地域主導型再生可能エネルギー事業化検討業務」に採択され、大きな弾みがついた。3年間にわたり委託費が得られるだけでなく、信用について活動を進めやすくな

> ### たまでんの思い
> ◇**つながる地域**
>   地域で市民・行政・企業・団体がつながり、循環型エネルギー社会づくりに貢献します
> ◇**ひろがる思い**
>   多摩市から多摩ニュータウン地域、そして多摩全域へ、思いの輪をひろげます
> ◇**つたえる未来**
>   自立したソーシャルビジネスとして世代を超えて継承し、日本の未来をつくります

る効果がそれ以上に大きかった。

　環境省の委託を受けてエネ協が事務局を務める「多摩市再生可能エネルギー事業化検討協議会」（以下「協議会」）は、2012年10月29日に初会合を開いた。当初の委員は、エネ協の理事のほか、学者、まちづくりの専門家、多摩市、多摩商工会議所、それに地元金融機関の多摩信用金庫から計9人。さらに、専門委員として学者やエネ協理事ら8人。

　初年度の協議会委員長には、首都大学東京大学院教授の星旦二さん（公衆衛生学）を選んだ。星さんは、福島県出身で多摩市在住。市の総合計画審議会長を務めるなど、地域の活動にもかかわってきた。

　多摩市の協議会の特徴は、課題に対する選択肢を徹底的にリサーチし、何が自分たちにふさわしいかを多角的に分析する力だ。会社員経験者と多分野の専門家のノウハウがうまく重なっているからこそのスタイルだろう。

　初年度に取り組んだテーマは、ソーラーパネルの選定や工法、収支計画や市民出資の集め方、団地・マンションの管理組合へのアンケート、等々。4つの専門部会が調査・研究や他地域の視察をして協議会の全体会に報告し、委員の意見を汲んで具体化していくプロセスを踏んだ。

　事業化のプランを練るのは協議会やエネ協だが、それを実行する事業体が必要だ。エネ協の10人の理事・監事が計670万円を出資して設立したのが、多摩電力合同会社（たまでん）である。登記をしたのは、協議

会の発足と同じ2012年10月29日。「手続きが簡単で安くできる」として合同会社の形態を選び、エネ協理事で電機会社ＯＢの山川さんが代表に就いた。その後、1210万円に増資している。

エネ協とたまでんの二人三脚で、2012年度末までに事業化へ向けた枠組みは固まった。2013年3月の報告会では、「屋根を発電所にしよう」と呼びかけて太陽光発電を多摩市から多摩ニュータウン地域、そして多摩地区全体に広げていくこと、事業資金は市民出資と金融機関の融資とを半々で調達すること、学校からの受注を意識して環境学習のプログラムをつくっていくこと、などの方針が説明された。

多摩市との連携強化が不可欠

恵泉女学園大との間で太陽光発電所を設置する交渉が始まったのは、2012年6月だった。エネ協代表の桃井さんが、同大の客員教授を務めている縁だった。

しかし、ここから時間がかかる。たまでんには実績がなく、行政や企業のバックアップを受けているわけでもない。事業としてのリスクもある。大学側の不安はなかなか払拭しきれず、桃井さんの働きかけがあっても受け入れてもらうために乗り越えるべきハードルは高かった。

自分たちのことや事業の目的を知ってもらうために、メンバーが何度も足を運んで説明した。契約書の提出にこぎつけたのは、半年後。2013年1月に大学理事会の承認を得た後も、もし校舎を売却することになった場合に撤去費用をどうするかなど、細かい条件面の調整が続いたそうだ。1キロワット時42円の固定価格買取制度の適用に、なんとか間に合った。

「あの頃が一番大変でした」と、エネ協の事務局長に就いた前出の高森さん。冒頭の発電開始式での川島学長の言葉からも、厳しい経緯がうかがわれる。

それだけに「実際に稼働した1号機がモデルになって、交渉や契約がやりやすくなるはず」とメンバーは期待する。2号機として、市内の老人ホーム「ゆいま〜る聖ケ丘」に計70キロワットの太陽光発電所の設置が決ま

再生可能エネルギー事業化検討協議会には、多摩市の阿部裕行市長（中央）もたびたび出席して「協力」を約束している（2012年11月22日、多摩循環型エネルギー協会提供）

り、1号機の発電開始式で発表された。

　とはいえ、2013年度中に計1000キロワットという目標を実現するためには、まだ900キロワット足りない。どうするか。

　たまでんがターゲットにしているのは、公共施設や集合住宅、大型商業施設だ。そのために、まず多摩市との連携強化が不可欠と考えている。

　多摩市は2013年4月に組織再編で環境部を設けた。2012年暮れには、公共施設や市有地の屋根貸し・土地貸し事業を2013年秋から実施すると発表。20施設で計1000キロワット分の設置を目標にしている。単に賃料収入を得るのが目的ではなく、これを起爆剤として市全体に自然エネルギーを普及させることを目指しているという。

　協議会は2013年度、「PPP（官民連携）専門委員会」を新たに設けた。市との関係をどうやって強化していくかを話し合うとともに、市との間で、民間の集合住宅などにも適用可能な契約モデルをつくるのが狙いだ。

　一方で、民間のマンションに太陽光発電を広げていくのは容易ではない。特に5階建てを超える高層ビルになると、風が強かったり、送電線が長くなったり、また、デザインが凝っていてパネルが置きにくかったり、という物件が多く、コストがかさむからだ。マンション管理組合の役員は任期

が終われば入れ替わるし、分譲と賃貸でアプローチのやり方が違うという問題もある。協議会は、候補地を見れば太陽光発電所の設置が可能かどうかすぐにわかるように、「適性基準」づくりを進める方針だ。

事業費の半分は市民出資で

　1号機の資金こそ関係者を中心に私募債で集めたものの、市民出資にはこだわっている。「市民の思いのこもったお金を中心にして、ビジネスを成り立たせたい」と山川陽一代表は強調する。資金ならぬ「志金」と位置づけている。

　計1000キロワットの太陽光発電所を設置するとなれば、事業費として概ね3億円が必要だ。前述の通り、そのうち半分を市民出資で集める計画を立て、信託方式を採用することにした。

　初回の「たまでん債」は2013年4〜5月に募集した。信託会社のトランスバリュー信託（本社・東京）に委託。予定利率は2％で、2年の据え置き期間の後、13年かけて均等償還する。出資者が償還・配当金を受け取る通常タイプ（1口10万円）とともに、出資者の子どもや孫に償還・配当金を支払う「生前贈与型」（110万円）も設けた。

　集まったのは、計840万円。大きな金額ではあるが、募集枠の1500万円からみた充足率は6割弱にとどまった。出資説明会では「具体的な設置物件がわからないので、事業のイメージがわきにくい」「マーケットの見込みは？」といった声が寄せられたという。「お金を集めるシビアさを改めて実感しました。関心を持ってくれている人たちの意識の高さゆえ、と受けとめています」と、たまでん社員・エネ協理事になった山川勇一郎さん。

　これを受けて、たまでんは市民出資の募集方針を変えた。当初は2013年度を3カ月おきに4回に分けて、初回に1500万円、2〜4回目に各4500万円で計1億5000万円を集める計画だったが、2期以降は具体的な事業の物件が決まった段階で募集することにしたのだ。

　首都圏で市民ファンド方式による太陽光発電事業を進めているところは、まだほかにはない。新聞記事に取り上げられ、「次の募集はいつ？」と

多摩エネ協のメンバー。多彩な経験や専門知識を持った人たちが集まっている（2013年5月、多摩循環型エネルギー協会提供）

いった問い合わせも多く寄せられているという。「出資を考えてくれている人は潜在的にいる」ととらえ、募集のタイミングや方法を探っている。

　一方の融資は、協議会のメンバーでもある多摩信用金庫が協力を約束してくれている。「無担保無保証」での対応で、市民出資で賄えなくても長期、短期とも必要な額を融資してもらえる見通しだ。当面は資金面での不安はないという。

次世代リーダー育成も視野に

　社会貢献も忘れてはいない。
　多摩地域でかねてから構想のあった「基金財団」（仮称）を設立する準備が急ピッチで進められている。財団法人として2014年4月に立ち上げ、1年後に寄付金控除を受けられる公益財団法人に移行する計画だ。
　たまでんは財団設立に歩調を合わせ、たまでん債の初回の配当に限って、半額を基金財団に寄付する方式を採用した。また、1口10万円に満た

ない額の寄付金をエネ協が受け付け、まとまった段階でたまでん債を購入し、その償還・配当金の全額を基金に入れることも検討している。

　基金の使い道として想定されているのは、環境、子育て、介護といった地域の社会的な活動や課題解決への支援である。財団設立や運営の資金を確保するため、ＣＳＲ（企業の社会的責任）活動とのタイアップも視野に入れている。

　準備にあたるメンバーは「たまでん債の購入によって地域の再生可能エネルギー拡大に寄与するとともに、その配当で地域活動を支援することにもなり、出資者は二重の社会貢献をすることになります。多摩独自のやり方で、人やお金が回る仕組みをつくっていきたいですね」と意気込む。

　エネ協は2013年度から、地域の大学生や大学院生を対象にした「次世代リーダー育成プログラム」も始めた。再生可能エネルギーによる発電は20年単位の事業なので、若手に引き継いでいく道筋をつけたいと考えてのことだ。中心になっている勇一郎さんは、前職でキャンプリーダー育成の経験がある。

　多摩市や周辺の大学生に呼びかけたところ、8大学の24人が手を挙げた。月に1回のペースで集まり、自然エネルギーについて学んでいる。初回の6月には古民家での自炊体験、8月には合宿もした。学生からは「新たな発電形態をリサーチする」「小学生にエネルギーの出前授業をする」といった企画案が寄せられている。地域の「大人」にサポート役で加わってもらっており、エネ協やたまでんとも連動しながら、1年かけて企画を実現させていく。

　ゆくゆくは地域を、たまでんやエネ協を支えてくれる人材を発掘・育成するのが狙いだが、勇一郎さんはもう少し広いスタンスで臨んでいる。

　「入り口のテーマはエネルギーや環境だとしても、まずは今の厳しい世の中を乗り切れる行動力を育てたいですね。活動していく中で地元や地域の企業とのつながりが生まれて、学生にとっても地域にとってもプラスになればいいなと思っています」。

大きなポテンシャル

「2014年度までが勝負」。たまでんやエネ協の認識は一致している。太陽光発電の固定買取価格は下がっていくことが確実だからだ。

たまでんの収支計画は、2014年度までに計2000キロワット分の太陽光発電所を設置できれば、当初は年間約7400万円の売電収入となり、20年後に1億円前後の利潤が見込めると試算している。あくまで「非営利」が前提だから、再生可能エネルギーの普及や社会活動への支援などを通して地域に還元していく。

多摩市のほか八王子、稲城、町田の4市にまたがる多摩ニュータウンには計5万2000戸の集合住宅があり、「5階建てまで」といった条件を勘案すると、4分の3にあたる4万戸分の屋根にソーラーパネルを設置可能ではないか、とエネ協は予測する。もしすべてに太陽光発電所を設けることができれば、発電容量は計4万キロワット以上にのぼる。多摩地区全体を見据えれば、規模はもっと膨らむ。

「ポテンシャルは大きい。2014年度までに2000キロワットというのは、あながち不可能な数字ではありません」（勇一郎さん）。

ソーラーパネルの設置を呼びかける過程で、屋根貸しの権利関係をはじめ法律的な疑問が寄せられることが多いため、早めに解消する狙いも込めて、協議会の2013年度の委員長には、再生可能エネルギー事業の法律実務に詳しい水上貴央弁護士を迎えた。

市民向けのPRや啓発活動も怠りない。時機を見ての報告会やシンポジウムはもちろん、エネ協は毎月1回、「エネ・カフェ」と題した市民との交流イベントを続けている。事業や活動の進捗状況を説明するとともに、市民の声を吸い上げるのが目的だ。こうした努力もあって、会員は135人と発足から1年余で4.5倍に増えた。

3・11を受けた「志民」の意思を汲み、再生可能エネルギーの事業化によって脱原発社会を形にしていけるか。エネ協とたまでんの取組みは、まさに本番を迎えている。

（小石勝朗）

第1部 各地の地域エネルギー先進事例❷ 長野県・上田市

NPO法人上田市民エネルギー

自分たちで未来を切り開く

「相乗りくん」で屋根に取り付けられた太陽光発電パネル。左から、藤川さん、屋根オーナーの小林さん、パネルオーナーの市村さん（2013年6月29日、小林さん夫婦の自宅にて。撮影／越膳綾子）。

　「太陽光発電には興味があるけれど、うちは賃貸で屋根がない」――。こんなニーズを救いあげる取り組みが、長野県上田市で誕生した。全国でもトップクラスの日射量を生かして、どこに住んでいても太陽光発電に参加できる仕組み。それが「相乗りくん」である。1人の主婦から始まった希有な取り組みに、県内外から賛同者が集まっている。

「相乗りくん」の誕生

　長野県東信エリアは年間日射量が全国でもトップクラスで、中でも上田市を中心とした上小（じょうしょう）地域は全国平均の3割増の発電が期待できる。その地域特性を存分に生かすユニークな取り組みが始まっている。
　「私、こないだまで回転寿司屋さんでパートをしていたんですよ。子育てをしながら、普通に働いていました」。
　屈託のない笑顔でこう語る藤川まゆみさんは、震災から2年間のめまぐるしい変化に、自分自身も驚いているようだ。現在、NPO法人上田市民エネルギーの代表として、「相乗りくん」の普及を進めている。
　相乗りくんとは、家庭用太陽光発電の共同設置プロジェクト。単に発電するだけでなく、再生可能エネルギーに関心の高い人同士をつなぎ合わせる目的もある。2011年10月に上田市民エネルギーを設立し、翌11月に相乗りくんがスタートした（NPO認定は2012年2月）。
　同NPO事務局長で、翻訳やウェブコンテンツ制作の会社を経営している合原亮一（ごうはらりょういち）さんは相乗りくんの誕生をこう振り返る。
　「大きな屋根に少しだけ太陽光パネルが載っているのはよくある光景ですが、屋根全面に設置すればもっと発電量が増えます。しかし、それには多額の費用が必要で、固定価格買取制度が保証する10年間で回収できるか疑問もある。でも、誰かとシェアすることでクリアできるんじゃないかと考えつきました」。

「相乗りくん」の仕組み

　上田市民エネルギーは、広くて日当たりのよい屋根を提供する「屋根オーナー」と、パネルを"相乗り"させる「パネルオーナー」を仲介する。屋根オーナーが自分の分のパネルを設置して空いたスペースに、パネルオーナーが費用を負担したパネルを設置させてもらうのだ。市民がお金を出し合うわけだが、いわゆるファンド（投資）ではなく、パネルオーナーが

屋根オーナーにパネル設置費用を"信託"する珍しい仕組みである。

屋根オーナーは、東信エリアで年間1300キロワット時以上の発電が見込める屋根の持ち主に限る。自分の分とパネルオーナーの分と一緒にパネルを共同設置することで、設置費用を安く抑えられる。また、12年後にはパネルオーナーのパネルも自分のものになり、売電収入が増えるメリットもある。

一方のパネルオーナーは、負担額に応じた売電収入を得られる。

出資は1口10万円から。それ以上は、5万円単位で自由に設定できる。出資額に応じてパネルの容量が決まり、10万円：0.24キロワット（kW）、50万円：1.25キロワット（kW）、100万円：2.5キロワット（kW）といった具合だ（2013年実績）。契約期間は10年間で、順調に発電・売電されれば出資額より1割程度多く還元できる計算だ。例えば、50万円で契約した人の場合、年間1200キロワット時（kWh）以上発電したとすると、下記の計算になる。

1.25 kW×1200 kWh/年×38円/kWh×10年間＝57万円

天候等に左右されるため保証はないが、銀行に預けるよりよほど有利である。

契約期間終了後、2年間は上田市民エネルギーが売電収入を受け取って運営費に当て、その後、パネルは屋根オーナーに譲渡される。

パネルオーナーは全国から参加可能であることがポイントで、多様なニーズを満たしている。

「マンション住まいで自分の屋根がない方や、屋根はあるけれど日当たりがよくない地域の方でも、上田の資源を共有して太陽光発電に参加できます。誰もが、変化を生み出すプレイヤーになれるのです。10年間という長期の契約ですが、『孫の小学校入学祝いに』と出資された方もいらっしゃいました」（藤川さん）。

募集を開始すると予想以上に反響があり、11人の屋根オーナーと、75人のパネルオーナーが申し込んだ。プロジェクト開始から1年半の時点で、37人のパネルオーナーが"相乗り"し、合計約81.21キロワット分の太陽光パネルが設置されている。残りのパネルオーナーは、新たな屋根オーナーが見つかるまで順番待ちだ。

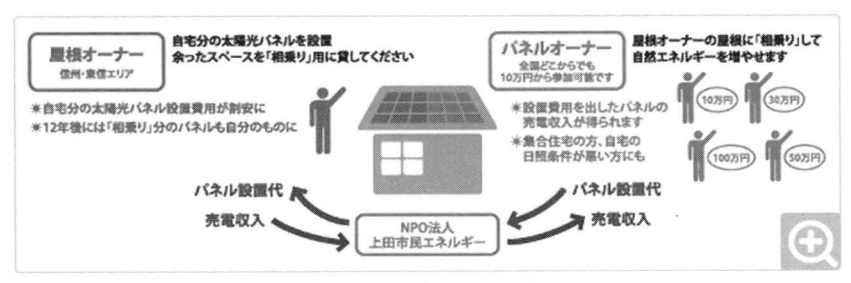

相乗りくんのしくみ（NPO法人上田市民エネルギーのHPより）

屋根オーナーになるきっかけ

　実際に屋根オーナーとなった小林将人さん、みぎわさん夫妻を訪ねると、通りを挟んだ向こう側に、平屋建ての屋根の上でキラキラとパネルが光っていた。6.72キロワットは小林さん分。1.68キロワットは上田市内をはじめ県外のパネルオーナー計5人のパネルだ。

　将人さんは東京・八王子の出身、みぎわさんは神奈川で生まれ育った。上田のこの家は、みぎわさんの叔母が所有していたが、他界後、小林さん夫婦がIターンして引き継いだ。相乗りくんのことを知ったきっかけは、ポストに入っていた県の広報紙だった。

　「もともと太陽光発電を付けたいね、と夫婦で話していました。どうせ付けるなら、設置費用が安く済んで、他の人と一緒にエネルギーを作るのもおもしろいなと思って」（将人さん）。

　申込み後は実際に発電が可能かどうか屋根の審査がある。同じ上田市民エネルギーとパネル業者、建築士などが、発電効率や安全性などをニュートラルな視点で見る。主な審査項目は、以下の5つだ。

　　・日当たりがいいこと。
　　・おおむね南向きであること。
　　・傾斜があること。
　　・自宅用以上にパネルを設置する広さがあること。
　　・設置後10年程度は大きな補修が必要ないと見込まれること。

　小林さんの家は築70年の古民家だが、強度に問題はなかった。屋根の

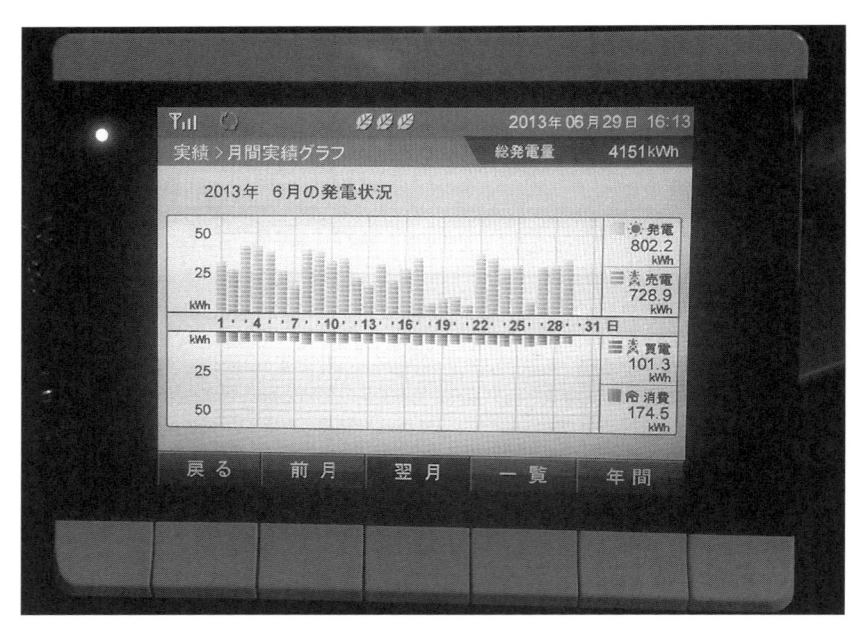

小林さん宅のリビングに取り付けられた太陽光発電の室内モニター（2013年6月29日、撮影／越膳綾子）。

さびていた部分は塗り直し、発電量に追い付いていなかった電線を引き直すことで、すべて条件はクリアした。

屋根オーナーの満足度

　小林さんは4〜5社の見積もりをとった。上田市民エネルギーでは、これまで同じ長野県内のパネルメーカー「KIS」のパネルを取り扱うことが多かったが、それがルールではない。結果的に、小林さんは品質やコストを勘案してKISに決めたが、藤川さんは「納得のいくまで検討してもらって、どこのパネルを使うかも自身で決めてもらいます」と言う。お仕着せではなく、あくまで「自分で選ぶ」ことを重視しているのだ。

　小林さんの家のリビングには、ちょこんと太陽光モニターが置かれていた。これを見れば、その日の発電量、消費電力量、売電量、買電量が一目でわかる。

「最初のうちは、『ただいまー！』と帰宅したら、すぐモニターを見ていましたね。どのくらい発電したのか楽しみで。毎日見ていると、雨が降っていても意外と発電できることもわかりましたし、前にも増して節電しようという気持ちになりました」。

とみぎわさんは満足げに語る。

小林さん夫婦が節電を意識しているのは、3・11後に始まったことではない。もともと、エネルギー問題云々とは関係なく、純粋に節約のためとしてお金のかからない暮らしを楽しんでいた。

「野菜などは庭で育て、雨水をためて庭にまいています。近くに生えていたヨモギをお茶にしてみたら美味しくって、最近気に入っています」（みぎわさん）。

光熱費を抑えて浮いた分は「趣味のバイクに注いでいます（笑）」と将人さん。なるほど、庭先には２台の大型バイクが並んでいた。何も気負うことはない。自分にとって大切なことをするための方法の1つとして、太陽光発電があるのだ。

パネルオーナーになったわけ

では、パネルオーナーのほうはどうだろうか？

この日、小林さんのお宅に集まってもらった市村光志さんは現在67歳。定年まで勤めた自動車の部品メーカーを退職し、故郷の上田市に戻ってきた。参加金額は50万円。上田市内の２人の屋根オーナー宅に、合計1.13キロワットのパネルを相乗りしている。

「上田に戻ってきて感じたのは、地域の高齢化でした。うちの周りじゃ私が一番若く、子どもたちはどんどん減っている。これから先、どうやって地域を保つかを考えると、エネルギーの地産地消だろうと思ったのです。上田は山が近く、間伐材が豊富です。エネルギー資源はいくらでもある」。

市村さんは、市役所に足を運んで間伐材を利用した火力発電所を提案したり、なんとか地熱発電や小水力発電を実現できないか案をひねったりしていた。そんな折り、別の市民活動の集まりで知り合いだった藤川さん

から相乗りくんのスタートを聞き、「これなら地域の資源で隣近所の絆もできる」と、出資を決めた。今のところ、発電は順調で、見込み通りの売電収入が得られそうだと言う。

　ちなみに、市村さんの自宅は一戸建てだ。屋根オーナーになる選択肢もあったわけだが、そうしなかった背景には過去の苦い経験がある。

　「自宅屋根に太陽熱温水器を設置していたことがありました。施工がうまくなかったのか、屋根瓦がずれて雨漏りがしてね。万が一にも、同じことを繰り返すことになったら……。そんな不安から、パネルオーナーにしました」。

　しかし、小林さん宅では築70年でも問題なくパネルを設置できたと聞いて「今の技術なら、うちの屋根も大丈夫かもしれませんね」と、元エンジニアらしい表情を見せた。

屋根がなくても参加できる

　同じくパネルオーナーの山本亜希子さんは、上田生まれの上田育ち。現在、2人の子どもの育児中だ。数年前、映画『六ヶ所村ラプソディー』（鎌仲ひとみ監督作品）を見たことを機に原発問題を意識し始め、3.11を経て、改めてエネルギーシフトの必要性を痛感していた。

　「子どもたちのためにも、私たちの世代で将来のエネルギーの道筋を付けたいと思っていました。ただ、太陽光発電には興味がありながら、うちは賃貸だから無理だと諦めていました」。

　ひょんなきっかけで相乗りくんのチラシを手にし、すぐに飛びついた。2011年11月、第1回目の相乗りくん説明会に参加し、その場で契約書をもらって参加を決めた。最初は10万円、その後100万円の追加出資をし、自宅からクルマで15分ほどにある屋根オーナー宅に0.22キロワットのパネルを相乗り中だ。

　「うちのように屋根がない人でも、太陽光発電ができるなんて、他にない発想ですよね。それに、出した金額に＋αがついて戻る点も重要だと思いました。お金をトクしたいというわけではありません。普通に銀行に預けて

いるだけでは、開発や環境破壊の原資にされるかもしれませんが、相乗りくんなら自分が賛成できる用途で経済が回る。それが嬉しくて」。

山本さんは、同じパネルオーナー同士で"相乗りくん応援団"を結成し、プロジェクトの普及に尽力している。普通の市民が作るエネルギーの輪が、少しずつだが、確実に広がっている。

相乗りくんに参加した理由やきっかけは十人十色。世代も生活環境もさまざまだ。それでも、自分たちでエネルギーを作るという目的1つで集まった。前出の将人さんは「相乗りくんは、これまで全く縁がなかった人がつながって、一緒に発電するのが面白い」と語る。

「信託」選択のわけ

それにしても、市民エネルギーにはファンドを作ったり、会社を設立して出資を募ったりする方法もある中、あえて「信託」にしたのは特徴的だ。合原さんに尋ねると、「いくつか理由はありますが、まずは1件でもすぐに設置したかった」という答えが返ってきた。確かに市民ファンドで事業を始めようとなると、年単位の時間がかかりかねない。また、企業を設立することに関しては、コスト面を考えて避けたようだ。

「企業の設立費用はNPO設立より大きくなりますし、固定資産税と事業税を払わなければなりません。企業を設立した場合のコストを考えると、出資者が元を取ることは難しいのではないでしょうか」。

採算が取れなくても最初は市民のお金が集まるかもしれない。だが、それだけを当てにするのは危険であると、合原さんは考えている。

「原発事故の記憶が薄れて行くと、持ち出しになってまでお金を出そうという人は減って来るでしょうし、そもそもエネルギー的に影響がある規模、最低でも1メガワット以上の設置を目指したい。そうすると特別意識の高い人だけでは無理なので、最低でも出したお金が回収できる仕組みが必要です。それには、補助金を頂くことが必須条件ですが、企業が太陽光を設置する場合は、住宅の屋根であっても補助金は得られません」。

現在の仕組みが固まるまで何カ月もかかったそうだが、相乗りくんは環

境省の補助金事業「地域活動支援・連携促進事業」に採択され、参加者募集のリーフレットなどの運営費を賄うことができた。

そもそも相乗りくんは、長野県内における再生可能エネルギーの普及を目指す「自然エネルギー信州ネット」がきっかけとなってできたプロジェクトだ。信州ネットは、阿部守一長野県知事が環境エネルギー政策研究所（ISEP）の飯田哲也さんらと協働して2011年の初めに発足した。県内の各地域に再生可能エネルギーのプラットホームを作り、事業化を目指すネットワークである。

当時、藤川さんは『六ヶ所村ラプソディー』など、映画の上映会などを通して再生可能エネルギーの重要性を伝えていた。意気込んで信州ネットに参加し、震災前から再生可能エネルギーに取り組んできた行政、企業、団体などのアドバイスによって、ここまでたどり着いた。

「おひさま進歩エネルギー（株）の原亮弘さんには事業設計の相談に乗ってもらい、パネルの設置に協力してもらっているKISや販売業者の皆さんと知り合えたのも、信州ネットがきっかけでした」（藤川さん）。

「相乗りくんプラス」へ発展

2013年春、上田市民エネルギーでは、固定価格買取制度を利用して、「相乗りくんプラス」を始動させた。従来の買取制度は10kW以下の家庭用太陽光発電だけが対象であるため、屋根オーナーは一般家庭だけだったが、新制度では10キロワット以上の太陽光発電事業を行う店舗やアパート、公共施設などの屋根オーナーも募集する。東信地域以外にも広げつつある。

プロジェクトの基本的な仕組みは相乗りくんと変わらず、パネルオーナーは10万円から5万円単位で参加でき、売電収入が得られる。電力は全量売電し、事業の運営経費を差し引いた額を得られる。また、契約期間は少し長く13年間とした。天候や故障で出資金額に満たない場合は1年単位で3年まで延長できる。

今後、設置が増えれば運営費も増えて行くことが予想されるが、「売電

の中で運営費がカバーできる仕組みです」と合原さんは言う。

「相乗りくんプラスは、売電の15％弱を管理運営費として見込んでいます。150キロワット設置すれば年間約100万円です。一方、相乗りくんの管理運営費は発電量で変動しますが、100キロワットで年間約40万円とごくわずかです。年々設置が増えていきますので、事業だけで運営ができるようになります」。

3.11後、各地で地域エネルギーを始める動きは出てきている。しかし、実際に事業化するまでのハードルは決して低くはない。生活のための本業と並行した市民活動では、理念の共有だけで終わってしまいやすいのが実情だが、藤川さんには、折に触れて思い出す言葉がある。

"誰が、何を、いつまでにやるか、を決める。それが大切だ"

映画『ミツバチの羽音と地球の回転』（鎌仲ひとみ監督作品）に登場する、スウェーデンの地域再生のコーディネーター、トルビョーン・ラーティ氏の一言である。トルビョーン氏は、同国で持続可能社会に向けた教育やワークショップを行い、実績をあげている。彼の言葉が、一見、ごく普通の主婦だった藤川さんの背中を押した。

「私のパソコンスキルは、Exelも使えないくらいで、NPOの代表なんてとても無理！　と思っていました。でも、人任せにするのはやめよう。自分が自分らしく胸を張って生きるために、新しい一歩を踏み出すチャンスかもしれないと思いました。これまで日本は社会の問題を人任せにする傾向が強かったと多います。気がつくと原発が54基もできていました。3・11以降、自分にできることを真剣に考え、具体的に動く人が増えています。相乗りくんは、市民がつながって電気を生み出し、エネルギーシフトに直接参加していこうという提案です。再生可能エネルギーは、自分たちで未来を切り開くことができそうです。手間はかかるし、責任を持つのは大変だけれど、人任せをやめることで新しい未来が生まれてくるはずです」。

（越膳綾子）

第1部 各地の地域エネルギー先進事例❸ 神奈川県・小田原市

ほうとくエネルギー株式会社
採算分析から事業化の条件を探る

ほうとくエネルギーのメガソーラー建設予定地（2013年2月24日、撮影／小石勝朗）

　神奈川県小田原市は、相模湾に面した約20キロの海岸線を抱き、温泉地として有名な箱根の麓に広がる城下町だ。新幹線で東京から35分。海にも山にも恵まれ、交通結節点として人や物が交流する人口約20万人のまちは、県西部の拠点都市になっている。エネルギーを地産地消する条件の整った地域で、再生可能エネルギーの事業化が始動した。

オール小田原で取組む

　小田原市役所から、小田原厚木道路の荻窪インターを越え、車で15分ほど登る。海や市街地を見下ろす高台が、大規模太陽光発電所（メガソーラー）の建設予定地である。
　「FIT（固定価格買取制度）導入後の再生可能エネルギー事業は、ほとんどが大資本によるものです。しかし、再生可能エネルギーを持続的に普及していくためには、市民参加など地域が主体的に関わっていくことが必要です。オール小田原で取り組んでいきたいと考えています」。
　2013年2月、官民でつくる「小田原再生可能エネルギー事業化検討協議会」（鈴木博晶会長）が初めて市民を対象に開いた現地見学会。発電所の事業主体となる「ほうとくエネルギー株式会社」の副社長、志澤昌彦さん（47歳）が、実物のソーラーパネルを持って事業の仕組みや発電所の概要を説明し、質問に丁寧に答えていた。
　建設予定地は約1.8ヘクタールの民有地。公共事業で出た残土の埋め立て地だ。ちょうど2012年度末で埋め立てが終わり、その後の土地の使途を検討しているタイミングで話が進んだ。地権者は周辺約70ヘクタールの山林や農園も所有しており、太陽光発電所の賃貸料を山の保全資金に充てたいという。
　志澤さんが続ける。
　「約4000枚のソーラーパネルを置き、設備容量が984キロワット、ほぼ1メガの太陽光発電所を造ります。年間の発電量は102万キロワット時。280世帯分の電力消費量に相当し、二酸化炭素（CO_2）排出量を約350トン減らす効果もあります」。
　事業費は3億6000万円の見込みだ。2014年初めの着工、夏ごろの発電開始を目指しており、全量を電力会社に売電する。2012年度中に経済産業省の設備認定を得たので、1キロワット時あたり42円の固定価格による買い取りが20年間継続する。当初の売電予定額は約4000万円。
　「ここが小田原の地域エネルギーの拠点になるんですね。予定地を見る

ことで実感が沸きました」。

　市民を中心とした約20人の参加者の多くは、再生可能エネルギーが自分たちの生活に入ってくることを好意的に受けとめた。再生可能エネルギーについてもっと知りたい、より多くの市民に理解と協力を求めてほしい、といった前向きの感想が寄せられた。

3・11後に速いテンポで展開

　小田原で再生可能エネルギーの事業化が動き出したきっかけは、3・11直後に遡る。

　事故を起こした福島第1原子力発電所から約300キロ離れているのに、近隣の足柄茶からセシウムが検出された。計画停電や自粛ムードの影響で箱根への観光客が途絶え、市内の飲食店の売り上げは前年の8、9割も減った。

　「再生可能エネルギーを中心に、より安全な形で、地域でエネルギーを自給する体制が必要だ」。

　こう考えた加藤憲一市長は2011年7月、環境エネルギー政策研究所（ＩＳＥＰ）所長の飯田哲也さんと公開対談をする。「再生可能エネルギーを使うのは地域にとって良いこと。地域発の電力会社をつくることもできますよ」。約150人の市民が傍聴する中、飯田さんに提案を受けたのが、再生可能エネルギーの事業会社「小田原電力」の設立だった。

　この後の展開が速かった。市は翌月、「エネルギーの自給自足を考えよう」をテーマに、市民を対象とした「まちづくり学校」を3回開催。毎回30人ほどが参加し、地域電力の先進事例や行政の政策のあり方、費用の賄い方などを学んだ。

　前後して市は、環境省の「地域主導型再生可能エネルギー事業化検討業務」に応募する。「市民参加型」を中心に据えた提案が採択されて、前出の「小田原再生可能エネルギー事業化検討協議会」が発足したのは、その年の12月のことだった。

事業化の可否を冷静に判断

　協議会は「地域で使用するエネルギーをできるだけ地域で創り出す社会への転換を目指し、本市における再生可能エネルギーの導入促進のための事業化方策を検討する」ことを目的に掲げた。

　事務局を務める市は「事業として確実に動かせる人」を条件に、協議会のコーディネーターと委員計13人の人選を進めた。地元企業の経営者、金融機関、行政、学者、地域おこしや低公害車普及促進の活動に携わってきた人たちが委員を引き受けてくれた。全国の中小企業経営者による「エネルギーから経済を考える経営者ネットワーク会議」（エネ経会議）の鈴木悌介代表（小田原箱根商工会議所副会頭、鈴廣かまぼこ副社長）も委員になっている。

　志澤さんは、協議会コーディネーターの1人だ。市内で不動産業を営んでおり、数年前からソーラーパネルの販売もしている。加藤市長は同じ高校の山岳部の2年先輩で、3・11後には「安心・安全のエネルギーを整えていかないと私たちの商売は成り立たなくなる」と話し合ったりしていた。まちづくり学校には3回とも参加し、再生可能エネルギーへの関心が高まっていた。とはいえ、「コーディネーターとは何か、よくわかってはいませんでした」。

　もう1人のコーディネーターの鈴木大介さん（39歳）は、上下水道の工事・管理会社の経営者。「エネルギー分野の専門家ではありません。今後の見通しなどは聞いたのですが、何が必要なのか頭に入っていなかったので軽くOKしました。研修に行くだけかと思っていました」と苦笑する。

　環境省の研修に行って、2人の意識は大きく変わった。再生可能エネルギーの現状や先進事例、事業の採算など基礎的なことを学ぶとともに、各地の先達たちと知り合った。企業秘密のようなことまで教えてもらえる間柄の人もできた。

　「事業化して市民からお金を預かることになれば迷惑はかけられない。相当なプレッシャーになりました」。志澤さんは振り返る。

鈴木さんは、環境省から「赤字を垂れ流すことになるようなら、やらないでくれ」と言われて、事業の意図がわかったという。「成功させるために無理はする。でも、会社として成り立つかどうか、できるだけ冷静に判断し、どこかで赤信号が出たらやめよう」。事業化に臨む基本的なスタンスが固まった。

メガソーラーで基盤をつくる

　事業化へ向けた具体的な議論は、太陽光、小水力の事業化検討チームを設けて当たることになった。太陽光のチーム（7人）では、月に1回ほどの会合や、長野県飯田市をはじめとする市民出資の仕組みの研究とともに、メンバー同士がEメールなどで頻繁に意見を交わした。シナリオはなく、忌憚なく言いたい放題だったという。
　小田原の協議会の特色の一つは、会議で意見がテンポよくポンポンと飛び出すところだろう。体育会のノリで、元気がいい。行政主導の会議にありがちな「予定調和」のイメージとは異なる。
　たとえば、スタートアップ事業としてメガソーラーをやることが最初から決まっていたわけではない。
　むしろ当初は、公共施設などの屋根を借りて太陽光パネルを設置し発電する「屋根貸しソーラー事業」を先行すべき、との考えが強かった。「私たちは儲けるために事業をやるのではない。エネルギー面での安心・安全を自分たちで守ることにつながる屋根貸しソーラーこそ、地域のために必要ではないか」というのが理由だ。屋根貸しソーラーで力をつけてからメガソーラーへ、と道筋を描いていた。
　しかし、採算シミュレーションをする中で、屋根貸しは防水工事などでパネルの設置単価が高くなるうえ、売電収入が小さいために、単体での事業展開は非常に厳しいことが判明。一定のボリュームがなければ地域エネルギー事業として維持していくのは難しい、との結論に至る。
　ちょうどその頃、協議会のメンバーが小水力発電の調査で訪れた先で、たまたま地権者から「こんな土地があるんだけど使いませんか」と持ちかけ

小田原市内に残る小水力発電の「沈砂池」跡(2013年2月24日、撮影／小石勝朗)

られた。現在のメガソーラー建設予定地である。公共施設の屋根貸しだと市や市議会との調整があるが、メガソーラーなら民間ベースの事業として進められる機動性も重視した。

　志澤さん、鈴木大介さんが中心になり、経営者の感覚を生かしてメガソーラーの詳しい採算分析をした。想定利用率を11.5％とかなり厳しく見積もっても、2012年度の固定買取価格である1キロワット時42円が適用されて、パネル設置などのコストを抑えれば、発電開始2年目で税引き後利益が黒字になるとの結果が出た。「十分に事業の採算が見込め、収益も安定している」と見通しが立った。

　「まずはメガソーラーで事業の基盤をつくろう。でも、屋根貸しも必ずや

る」という方向でまとまった。

市民との意見交換会

　市民との意見交換会を早い時期から開くかどうかでも、協議会のメンバーの間で論争になった。事業化のスピードを重視し「事業の案ができて形が見えてからの方がいい」という考えと、「白紙のうちから市民の意見を聞いておこう」という主張が対立したのだ。
　結局、2012年1月を皮切りに、翌年3月までに冒頭の現地見学会を含めて計5回の「市民意見交換会」を開催する。夏休み中の意見交換会は、子どもも参加できるように太陽光で動くカエルのおもちゃを作るプログラムを盛り込むなど、工夫を施した。
　事業会社の設立が迫った2012年10月の意見交換会は、ワークショップ形式を採った。
　志澤さんは、地域が再生可能エネルギー事業に取り組む意義として、①化石燃料の輸入費用として海外へ流出していた資金が地域で循環する仕組みをつくることになり、地域経済に貢献する、②地域の資源を地域の市民や事業者が活用する「地域で創り出す事業」である、③地球温暖化対策など環境面での貢献につながる、と説明。「市民のためのエネルギー会社になるように、皆さんから出る意見をなるべく多く採り入れていく」とあいさつした。
　参加者は4、5人のグループに分かれて、事業会社の設立趣意書に反映させることを前提に「あなたが応援したい会社はどんな会社？」というテーマで意見を出し合った。「利益追求だけではなく、社会的責任を基盤として事業を進めてほしい」「出資者全員が事業に参加していることを実感できるようにしたい」「資金管理面をはじめ事業の透明性を保つべきだ」など、会社の理念や経営法、事業内容、継続性に対して多彩な意見・要望が寄せられた。
　「事業会社がどういう方向に向かっているのか、はっきりわからない」「昨今のメガソーラー建設ラッシュと同様にならないように、出資をしたくなる

活発な議論を展開してきた「小田原再生可能エネルギー事業化協議会」（2013年6月28日、撮影／小石勝朗）

ような事業の意義をもっと考えるべきだ」「地元でつくった電気が間違いなく地元で使える仕組みがほしい」「市長や代表者が代わっても事業の継続を」といった率直な声もあった。

　「関心を持っている市民が予想以上に多いという手ごたえをつかむことができました」。鈴木大介さんは成果を語る。

「ほうとくエネルギー株式会社」が発足

　2012年12月、いよいよ事業主体の「ほうとくエネルギー株式会社」が発足した（巻末の資料1参照）。協議会の始動からわずか1年というハイスピードだった。

　「地域が主体的に絡むこと、再生可能エネルギーの利益が地域に還元されること、防災面などで地域に貢献すること。それが今回の事業化のポイントです。日本各地のモデルとして期待し、今後も共に育てていきます」。

　会社設立を発表する記者会見で、加藤市長はこう話した。会見には神奈川県の副知事も同席し、今後の協力を約束した。

　ほうとくエネルギーには、地元の金融機関、食品、小売り、建設、運輸

③神奈川県・小田原市／ほうとくエネルギー株式会社　　39

など24社が計3400万円を出資した。協議会のメンバーが関わる企業を含め、「オール小田原」でピックアップして依頼した。1社あたりの出資額は300万円と100万円。経営の透明性を高めるため、極端な大株主はつくらないことにした。「努力はするけれど配当はない前提」にもかかわらず、多くの企業が設立趣意書を見ることもなく取り組みに賛同して出資に応じたという。
　資金調達のコストを考えて民間企業の出資を優先し、地元金融機関からの融資と二本立てにすることにした。もちろん、「調達コストが高くなっても、資金面での市民参加は必須との考えは変わっていません」と志澤さん。市民ファンドへの投資、市民株主、私募債など、具体的な方式を検討している。配当はお金ではなく地域の特産品にするなど、地域密着を強調するアイデアも出ている。
　社長には、地元出身の元ソニー常務で、協議会委員の蓑宮武夫さん（69歳）が就任した。発足時の役員は6人。協議会コーディネーターの志澤さんは副社長、鈴木大介さんは監査役（のちに取締役に）に就き、地元のさがみ信用金庫からも取締役を招いた。ベテランと若手を織り交ぜ、経営の知識や経験を持つ布陣になった。
　蓑宮社長は記者会見で「『新しい公共』へのスタートになります。市民が具体的な行動を起こし、新しいチャレンジをする。お金、労力、知恵、人脈と、オール市民の力で素晴らしいまちにするきっかけにしたい。当面ノーギャラですが、皆さんの笑顔が私の報酬です」とユーモアを交えて抱負を語った。
　会社名の「ほうとくエネルギー」は、地元出身の偉人で、生涯を農村復興はじめ世のために尽くした二宮尊徳の「報徳思想」にちなんだ。経済と道徳の一元化を訴え、社会貢献をすればいずれ自らに還元されると説く教えである。エネルギーに当てはめ、「これまで電気を無尽蔵に使っていたことを反省するとともに、地域のエネルギーを自ら掘り起こし、自分たちが本当に必要とするエネルギー量の範囲で生活や経済活動を営みたい」との思いを込めた。
　社名を「小田原電力」としなかったのは、小田原市だけに限定せずに地

域の広がりを意識したいこと、電力に特化せず熱エネルギーや省エネまで視野に入れていることが理由だ。「地域エネルギーについてトータルに考えて、いいものをやっていきたい」（志澤さん）。2013年夏の増資は、周辺を含めて2市8町の企業に呼びかけた。

　会社の基本理念には、①将来世代に、より良い環境を残していくために取り組む、②地域社会に貢献できるように取り組む、③地域の志ある市民、事業者が幅広く参加して取り組む、④地域社会に根ざした企業として、透明性の高い経営をする――を掲げた。資本や経営陣から設備の建設まで、地域の力を最大限に活用した経営を目指すことを謳った。

　設立趣意書は、再生可能エネルギーの導入の意義や目的として「原発への依存から脱却し、将来世代が安心して生活を営むことのできる、より良い環境を引き継いでいくために重要」と強調し、さらに「地域の活性化と自立に大きく貢献する可能性があること」や「地域の防災力の強化にも貢献すること」を挙げた。そして、エネルギーが日々の生活に根ざしたものであり、再生可能エネルギーから得られる利益を地域に還元する効果を高めるためにも、「地域の人々の主体的な関与が重要である」と参加を呼びかけた。

　新会社の目指す方向が、これらに凝縮されている。

　もちろん、コーディネーターの2人は「会社が発足してスタートラインに着いたばかり。退路を断たれたので、事業を着実にやっていくことが課題です」と足元を見据えることも忘れない。本社は家賃1万円のシェアオフィスで、専従職員は1人だけ。2人を含めスタッフはほぼボランティアだ。おまけに「何足もわらじを履いている状態で大変」だが、これまでに培った人や情報のつながりを生かせる、と前向きにとらえている。

試行錯誤が続く行政との関係

　他地域で悩みの種となりがちな行政との関係は、試行錯誤が続く。2人は「市はよくやってくれていると思う」と話すが、協議会のメンバーの間には「もっと積極的な関与を」と求める声もある。

事業化にあたっては、行政からの補助金がなくても成り立つことが前提だった。「直接の補助は持続性の点から良くない」との考えで市とも一致しており、設立の段階で市は事業会社に出資していない。あくまで市は、事業に参加する「人」を集めて動きやすい条件を整えることと、制度面などの「枠組み」をつくることが行政の役割、という姿勢を取ってきた。

　半面、公益性の高い取り組みだけに、市の強力な後押しがなければ事業化してもうまくいかないのも確かだ。

　2013年3月の協議会。今後の課題を挙げる中で、志澤さんは「地域に貢献する再生可能エネルギー事業について、行政としてどのような関与を行うのか検討すべきではないか」と問題提起した。市の担当者は「1社だけをターゲットにはできない」と答えたが、他の委員から「モデル事業として、ほうとくエネルギーを成功させることが、他の事業者の追随につながる。特別扱いできないか」といった意見も出た。今後も議論が続くテーマになりそうだ。

　一方で市は、協議会の検討を受ける形で2012年度から公共施設の屋根貸しを事業化し、新会社設立の記者会見に合わせて発表した。さっそく2013年3月から、2つの小学校など計4カ所について事業者を公募。どこからも応募がなかった1カ所を除く3カ所について、唯一の応募企業だった「ほうとくエネルギー」を選んだ。3カ所合わせて761平方メートルの屋根を使い、発電出力は計120キロワット、年間12万4000キロワット時の発電量を見込んでいる。

　公募の条件は、市内に本社を置くことと停電時の電力無償供給、固定価格買取制度の活用だった。さらに選考にあたっては、一番高い使用料金を示した事業者を選ぶのではなく、市民参加や地域貢献のあり方も加味する方式を採り、地元密着の事業者が有利になるように配慮した。行政の立場として1社だけを優遇できないとしても、事実上の「側面支援」と言える。

　市民参加も課題の一つだ。市内の取り組みなのに市民の認知度は全般にまだ低く、逆に市外の人の方が内容を知っている場面に関係者の多くが出合っている。

3月の協議会で、鈴木大介さんは「より多くの市民・事業者の方に関心を持っていただき、さまざまな形で参加してもらうことが重要だが、市民への浸透という点においては不十分な状態」と現状を報告した。「市民参加が小田原の弱いところで、事業会社への興味を持ってもらうための取り組みが必要。どういう形で市民と一緒にやっていくか」。志澤さんは頭を悩ます。

　「楽しそうだとわかれば市民は集まってくる」とみて、まずは市民意見交換会を参加・体験型にして参加者の輪を広げたいという。前述したように、資金面での市民参加の方法も詰めており、メガソーラーと屋根貸しを合わせた事業費4億円のうち1億円を市民ファンドで募る計画だ。協議会のメンバーは男性ばかりなので、女性にも入ってもらうなど幅を広げ、多様な意見を吸収しながら事業の具体化に生かしていく。

小水力発電にも意欲

　太陽光と並ぶ柱である小水力発電にも進展がありそうだ。市内では大正時代に小水力発電所が建設され、電力を製材所や紡績工場に供給していた記録がある。発電機の跡地や沈砂池の遺構が今も残っている。

　2012年度に市内の河川や用水路を見たり簡単な流量調査を実施したりして、候補地を2カ所に絞り込んだ。2013年度は、さらに詳しい流量・落差調査や測量を経て発電規模を固め、採算を含めた事業化計画を立てる。水利権者、地権者ら利害関係者が多いので調整も必要だ。それでも、夜間にも発電できるうえ、設備が市民に見えやすく作った電力を地域で利用しやすいこともあり、力を入れていく。

　環境省の「事業化検討業務」は2013年度までだが、市はその後も協議会を存続する意向を示している。

　小田原の取り組みは、3・11後に始動した地域エネルギーのプロジェクトとしては、かなりの速さで事業化にこぎつけた。採算を保ちながら、市民や企業、行政が一体となった「地域の営み」として維持・定着させていけるか。全国のモデルケースとなり得るだけに、今後の動向に注目が集まっている。

(小石勝朗)

第1部 各地の地域エネルギー先進事例❹ 長崎県・雲仙市

一般社団法人小浜温泉エネルギー

事業化の実証実験がはじまった温泉発電

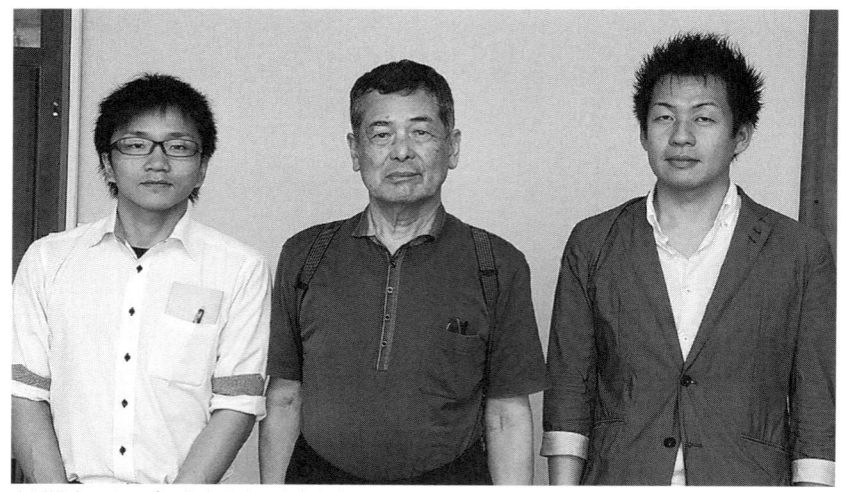

小浜温泉エネルギー代表理事の本多宣章さん＝中央。右が事務局長の佐々木裕さん、左が井手大剛さん（2013年6月13日、撮影／小石勝朗）

　捨てている温泉の湯を発電に活用しよう。長崎県・島原半島西岸の小浜温泉（雲仙市）で、こんな実証実験がスタートした。105度と高温の湯が1日1万5000トン湧出し、放熱量は日本で一番多い。しかし、湯の7割は使わずに海に流しており、浴用にする場合も水でうめている。この熱を使って電気をおこそうという試みだ。地元の賛同を得て、環境省の委託事業としてユニークなプロジェクトが動き出した。

温泉水による発電の仕組み

　JR諫早駅から約1時間、バスを降りると潮の香りが鼻をついた。橘湾を抱くような海岸線に沿った温泉街には、湯煙があちこちに立ち上っている。歌人の斎藤茂吉はこの地で、静かに広がる海を赤く照らして沈んでいく夕日の美しさを詠んだ。同じ風景を愛でながら浸かる湯は格別だ。口に含むとしょっぱい。潮湯である。

　海辺に建つ「小浜温泉バイナリー発電所」を案内してもらった。稼働を始めたのは2013年4月7日。約1200平方メートルの敷地に、平屋の建物（約200平方メートル、高さ4.6メートル）と冷却塔、貯湯タンク。隣接して湯を供給する井戸のうちの1本があり、蒸気が上がっている。

　発電は、こんな仕組みだ。

　湯温がほぼ100度ある温泉水を源泉から発電所に集め、まず熱交換機を通して真水を95度に加熱する。熱水によって沸点が15度の代替フロンを沸騰させ、その蒸気で発電機のタービンを回す。発電方式の名称は、温泉水による「加熱源系統」と代替フロンによる「媒体系統」という2つ（バイナリー）の熱サイクルを持つことにちなむ。

　従来の地熱発電は、地下からの蒸気で直接タービンを回すため200〜300度の熱が必要だったが、代替フロンを使うことで73度あれば発電が可能になったという。「代替フロンは毒性が低く、爆発の危険もありません」。バイナリー発電の事業化に取り組む一般社団法人小浜温泉エネルギーの井手大剛さん（27歳）が説明してくれた。

　建物の中に青色の発電機が3基並んでいる。1基の大きさは、幅2.2メートル、奥行き2.6メートル、高さ2.3メートルとコンパクト。重さは6.5トンだ。1基あたりの想定発電規模は72キロワットで、全体の発電能力は現在180キロワット。天候に左右されないうえ24時間発電が可能なので、設備利用率は70％と高く、予想発電量は一般家庭120世帯分の消費電力に相当するという。冷却塔は、沸騰した代替フロンを冷やす水のためだ。

　屋内は暑い。温泉の湯の熱に加え、近所に騒音の心配をかけないように

ドアを閉め切りにしているからだ。「おこした電気を有効に使うため、30度を超えないと空調を入れないきまりです」と井手さんは汗をぬぐった。

　使う温泉の量は、1時間に100トン。雲仙市が所有する2本の井戸から湧く湯と、民間ホテルの井戸（1本）の余り湯をパイプで集める。送湯の距離を短くするために、「源泉に近い更地」だった市有地（埋立地）を賃借することになった。

　実証実験でおこした電気は、300メートルほど離れた第3セクターの健康施設「リフレッシュセンターおばま」に専用の送電線で供給している。施設には温水プールやフィットネス設備があり、館内の使用電力の50〜70％を賄う。夜間や休館日は九州電力に売電している。

反対運動のリーダーが推進役に回った理由

　小浜温泉で温泉の湯を発電に利用しようとする動きは、今回が初めてではない。

　中でも大きな騒動になったのは2004年のこと。当時の小浜町（現・雲仙市）が九州電力のグループ企業と話を進め、経済産業省の外郭団体、新エネルギー・産業技術総合開発機構（NEDO）が支援していた。今回と同じバイナリー発電。1500キロワット級で、売電が目的とされていた。

　地元は、計画の内容や話の進め方に不信感を持ったという。新たに源泉を掘るにもかかわらず、井戸の大きさや太さを明らかにしない。泉脈は深さ100〜200メートルなのに、2本の井戸の深さは400〜500メートル。小浜温泉では自噴させるのが普通だが、水中ポンプで吸い上げるといい、しかもその量が不明だった。

　新たに掘る井戸から一番近い既存の源泉までの距離は1050メートル。1キロ以内だと源泉所有者の同意が必要だが、「1キロを超えているから要らない」と強行しようとする町の姿勢にも疑心暗鬼が募った。

　「温泉にどんな影響が及ぶかわからない。何より、涸れたら困る」。約30本ある源泉所有者全員が参加して「小浜温泉を守る会」が結成され、本多宣章さん（73歳）が会長に就いた。激しい反対運動の結果、長崎県が

小浜温泉バイナリー発電所の発電機。コンパクトな造りだ（2013年6月13日、撮影／小石勝朗）

新たな源泉掘削を不許可とし、計画は立ち消えた。

　今回の発電構想は、2007年に浮上した。長崎県内の自然エネルギーを探していた長崎大学環境科学部の自然エネルギー研究会が小浜温泉に着目し、提案してきた。地元の窓口になったのは、その3年前の反対運動で先頭に立った本多さんだった。

　「温泉の湯で電気をおこせたらいいな、とはずっと考えていました。今回の発電は、新しい源泉を掘るわけではないのがポイント。すでに出ている湯を使うだけなので、地元に悪い影響は出ません。だから応援しようと思いました。あくまで、小浜温泉にとって都合の良いことなら賛成というのが、私のスタンスです」。

　反対運動のリーダーから推進役に回った理由を、本多さんはこう語る。実際、それまでも本多さんは、自宅の庭の源泉を長崎大の発電実験に提供したりしていた。決して温泉発電そのものに反対なのではなかったのだ。

　ただし、「過去の経緯があるから、地元にはきちんと話をしてほしい」と大学側にクギを刺すことは忘れなかった。

　本多さんの家系は、明治時代まで地元の「湯太夫」を務め、温泉の管理や浴場経営などに当たってきた。いわば、小浜温泉のまとめ役だった。

もともとは「猪太夫」という名前だった先祖が島原藩主に命じられて改名し、業とするようになったそうだ。

家柄だけではない。「本多さん自身の日ごろの献身的な活動ぶりは、時代を超えて地元の人望を集めています。今回の計画がスムーズに受け入れられたのも、『本多さんが賛成するのなら』という土壌があったからです」。地元の関係者はこう証言する。

本多さんは、いま、小浜温泉エネルギーの代表理事を務めている。

3・11の3日前に発足した推進協議会

長崎大のメンバーは2010年7月から、月に1回ほどのペースで地元の旅館経営者らへの説明会を始める。この時に長崎大の大学院生として参加していたのが、現在の小浜温泉エネルギー事務局長、佐々木裕さん（30歳）。2012年4月から小浜に移り住んでいる。

双方数人ずつの少人数で、プロジェクトの趣旨に始まり、発電の方式、規模といった計画の概要を話し、意見や質問を受けた。次回にその回答をする形で、事業主体のあり方、スケジュールなどを少しずつ具体化させていった。

本多さんが当時の雰囲気を振り返る。

「最初、地元の人たちは賛成とも反対とも言いませんでした。でも、興味があったのは間違いありません。私は、半ば認めているのだと感じていましたよ」。地元が気にしていたのは温泉への影響や施設の安全性だが、大学の説明を聞くうちに安心するのがわかったという。

旅館の中には、温泉熱を利用していたところもあった。水を温めたり蒸気で暖房したりしていたが、容量が足りずに肝心の時に使えないような中途半端な状態だったそうだ。

長崎大が説明に入る前の2010年2月に、県と市が海岸沿いに「ほっとふっと105」と名づけた足湯を開業していたのが、計画の追い風になった。小浜温泉の湯温にちなんだ105メートルで「長さ日本一」をうたう足湯は、入場無料ということもあって人気を呼び、当初は年間20万人以上の来場

があった。旅館経営者らの間に「温泉発電も観光資源として活用できる」と期待感が広がった。

実現に向けた「小浜温泉エネルギー活用推進協議会」が発足したのは、2011年3月8日。折しも、東日本大震災が起きる3日前だった。委員は旅館経営者や観光協会、商工会、県、市、長崎大などから24人で、会長は本多さん。地元の産官学による推進体制が整った。

小浜温泉のバイナリー発電は、福島第1原発の事故や、それを受けた自然エネルギーへの転換の機運と絡めて受け取られることがある。しかし、3・11が実現へのスピードを速めたことはあっても、それ以前から着実に準備を重ねていたのにタイミングが重なった、というのが正しい。

むしろ、3・11後の世論の変化に対しては「私たちが先行していた取り組みに、世間が追いついてきた」ととらえている。ことさらに脱原発を意識していたわけではない。佐々木さんも「最初から、自然に負荷をかけずにエネルギーの自給自足をしよう、というのが目的でした」と話すが、「こちらは発電後の『処理』の方法がきちんとわかっていますよ」(本多さん)と原発との違いを強調することも忘れない。

実証実験のデータをもとに事業計画

事業化した際の担い手となることを想定して「一般社団法人小浜温泉エネルギー」を設立したのは、約2カ月後の2011年5月。協議会のメンバーが中心になり、地元金融機関の参加も得た。法人の目的には「小浜温泉における未利用温泉を活用すること」を掲げ、取り組む事業として発電、熱利用、観光・環境教育を挙げている。

すぐに、2011年度の環境省の委託事業に相次いで採択された。一つは、事業化の計画づくりを支援する「地域主導型再生可能エネルギー事業化検討業務」。もう一つは、温室効果ガス削減に向けた先進的な対策の事業性・採算性を検証する「チャレンジ25地域づくり事業」。発電の実証実験は後者の委託だ。また、経済産業省の「スマートコミュニティ構想普及支援事業」にも採択され、調査費の補助を受けた。国の支援が決まった

ことで、事業計画づくりと実証実験へ向けた動きが一気に本格化した。

　並行して、協議会はワークショップを2回開催し、温泉発電に対するイメージ、期待、不安など、引き続き地元の人たちの声に耳を傾けた。「100度のお湯で儲けたい」「他の温泉地との差別化につなげる」「エコをアピールしたい」といった前向きな意見が寄せられた。同時に、パイプに付着する「湯の花」対策や、事業化の資金調達、運営コスト、経営リスクが不安材料に挙げられた。

　実証実験は、2014年3月まで1年間。こうした不安を解消できるかどうかが、次の段階の事業化を実現するポイントになる。

　「実績の少ない発電方法なので、実証実験でさまざまなデータを集め、具体的な事業計画を作らなければなりません」（佐々木さん）。

　たとえば、発電設備の維持・管理。湯の花が送湯管などにどのくらい付着するか。潮湯の塩分が設備にどんな影響をもたらすか。実証実験の様子を見ながらメンテナンスの方法を整え、コストを割り出していく。

　そのうえで収支見通しを中心とした発電所の事業計画を確立する。実証実験では民間の発電コンサルタント会社、エディット（本社・福岡市）が発電所を運営しているが、事業化する場合には地元の小浜温泉エネルギーが受け皿になる予定。実証実験での運転状況や稼働率、発電量、維持管理費などを踏まえて詳しい収支計画を立て、金融機関に融資を頼んだり地元企業や市民から出資を募ったりする。

　発電所の建設費の約2億円は全額、環境省の補助を受ける。しかし、現在はリースなので、事業化にあたっては設備の買取価格が採算のカギを握るという。

　「地熱発電には1キロワット時あたり42円の固定価格買取制度が適用されるので、発電所の設備が順調に動けば事業としてやっていける見通しはあります。でも、お金を出すかどうか、みなさん実証実験の結果を見ていますね」。

　佐々木さんは気を引き締める。

温泉発電を観光振興にどうつなげていくか

　個々の旅館や観光施設に温泉発電を普及させていく方法も検討していかなければならない。

　2013年4月からの九州電力の電気料金値上げは、旅館によっては年間100万円単位の負担増になるそうで、コスト削減の観点から温泉発電への関心は高いという。ただ、1カ所に大量の湯を集めて一括して発電する方式を採ると、配管や送電線の延長が増え、建設や管理の費用がかさむ。このため「小さな発電設備を分散して設けた方が良いのではないか」と考えている。

　本多さんは、こんな見方をする。

　「旅館の主人は、自分の源泉は自分の好きなように使いたいと思っています。温泉発電も『自分のところで独自にやりたい』と考えるでしょうから、源泉1本に1カ所の発電所が基本になりそうですね。普及が進めば小型発電機の価格も下がって、旅館が単独でも設置しやすくなるでしょうし」。

　その場合に小浜温泉エネルギーがどう絡むか。導入時にアドバイスや支援をしたり、運転のノウハウを提供したりするとともに、保守・点検がポイントになると予測する。多くの発電機の管理を請け負えば、各旅館と関係を保ちながら温泉街全体の発電を一体的に運営できることにもなる。

　発電に使った後の湯の活用法にも知恵を絞っていく。実証実験ではそのまま海に捨てているが、湯温がまだ70度くらいあるので、さまざまな用途が考えられそうだ。「残り湯を使いたい人はいますよ」と本多さん。源泉から直接引く時のように冷まさなくてもいいから露天風呂で浴用にするほか、ハウス栽培や養殖、さらに温泉街を彩っているジャカランダを中心にした熱帯植物園を設けて熱源に使うといったアイデアが出ている。

　そして、何より重要なのが、温泉発電を観光振興にどうつなげていくか。小浜温泉の宿泊客は、ピークだった1970年代半ばに比べると半分以下に落ち込み、客単価も下がっているそうだ。他の温泉地との競争が激しくなったのが原因だ。観光客からは「見るところがないと言われてきた」とい

う。

　それだけに温泉発電が軌道に乗れば、「環境に優しい温泉」とPRしたり、発電所を観光ルートに組み入れたりすることができ、よそにない観光資源として差別化できる。老舗旅館によると、「4月以降、宿泊客から温泉発電のことをけっこう尋ねられますよ」とのことで、早くも反響が出つつあるようだ。

　小浜温泉観光協会は観光客向けに、バイナリー発電所の見学を中心に据えた「ジオツアー」を始めた。発電の仕組みを学んだ後、発電機などの設備を視察し、温泉街の散策や足湯、蒸し釜の体験をする。1時間半〜2時間のコースで、蒸し釜の食材費を含めて1人1000円。少しでも長く滞在してもらい、小浜温泉での宿泊や入浴、食事、買い物につなげるのが狙いだ。

　環境学習の受け入れもスタート。開所の翌月には早速、兵庫県の中学生が修学旅行で発電所を訪れた。小浜温泉として集客の柱の一つに、と期待されている。

　「もはや昔のように、旅館だけではやっていけません。この街がどう変われば良いのか、温泉発電をてこに模索していきたい。蓄電もして、温泉でつくった電気で小浜のみんなが生活できればいいね」。

　本多さんは、今後を見据えて意欲を燃やす。

　ごく身近にあり、長いこと共生してきた温泉。発電は、角度を変えて地域の資源を有効利用するとともに、将来のまちづくりや暮らしに活かしていく試みである。その前途には多くの可能性が秘められている。

（小石勝朗）

第1部 各地の地域エネルギー先進事例❺ 滋賀県・湖南市

湖南市地域自然エネルギー基本条例
地域経済の活性化に貢献する

市民共同発電所・初号機のオープニングセレモニー。後方の屋根にソーラーパネルを設置した（2013年3月18日、湖南市提供）

　滋賀県湖南市（人口5万5000人）は2012年9月、自然エネルギーを「地域固有の資源」と位置づけた条例を全国で初めて施行した。まちづくりの一環として市民共同発電所を中心に、行政と民間が一体になってさまざまな工夫を凝らしている。目指すは「地域経済の活性化」と明確だ。

キーワードは「地域内循環」

「地域のエネルギーはみんなのものだと宣言し、地域主体の取り組みを通じて、地域経済の活性化につなげるのが大きな狙いです」。

湖南市地域エネルギー課主幹の池本未和さんは「地域自然エネルギー基本条例」(巻末資料2)の趣旨をこう説明する。

第1条の「目的」で、自然エネルギーを「地域固有の資源」とはっきり定義し、その認識の下、自然エネルギーによって「地域経済の活性化につながる取り組みを推進」することを謳った。報道では前段部分がクローズアップされているが、市の主眼はむしろ後段の「地域経済の活性化」にある。

池本さんが続ける。

「決してメガソーラー(大規模太陽光発電所)を否定しているわけではありません。地域と共生してほしい、地域経済のために企業も協力してほしい、と呼びかけているのです」。

キーワードは「地域内循環」だという。地域の自然に根ざしたエネルギーを地域のために使うことによって、地域の経済を潤わせ、地域の自立を果たそうというわけだ。

自然エネルギー活用にはルールが必要

条例制定の直接のきっかけは、2012年6月に東京で開かれたシンポジウム(科学技術振興機構主催)だった。テーマは「自然エネルギーは地域のもの」。湖南市の谷畑英吾市長も報告に立った。

同年7月から再生可能エネルギー固定価格買取制度の施行が予定される中で、中央資本が地方の自然エネルギーによる発電の利益を持っていってしまうことへの懸念が広がり始めていた。シンポでは「地域の自然エネルギーを地域のために活用するには、条例などの政策的な枠組みが必要」との提言がなされた。

湖南市はその2カ月前に地域エネルギー課を設置し、具体的な施策の

検討を本格化させていた。8月には市外に本社を置く企業が、湖南市内の工場にメガソーラーを建設する計画が発表された。

こうした経緯や状況を踏まえて、市は「地域経済の循環に貢献できるような自然エネルギーの活用には、一定のルールが必要である」との結論に至り、条例によって明文化することを決める。堀尾正靱・龍谷大教授（地域環境・エネルギー政策）の意見を聴きながら、担当職員らが内容を練った。

条例は全9条。基本理念として「地域に存在する自然エネルギーは、地域に根ざした主体が、地域の発展に資するように活用する」と強調した。市外の企業が自然エネルギーの利益を持ち出すだけの結果にならないように、歯止めをかけたのだ。さらに、自然エネルギーを使う事業者に対して、地域ごとの自然条件に合わせた持続性のある活用法や、地域内での公平性、他者への影響への配慮も求めている。罰則は設けていない。

「これまでのように原子力発電所を過疎地に設けて交付金を流し、エネルギーは都市部に吸い上げるという構図が、自然エネルギーで、メガソーラーなどで同じように行われないように、地域の資源を地域の人たちが有効に活用しながら地域経済の循環に貢献できるような条例としていければと考えています」。谷畑市長は記者会見でこう語っている。

市は同時に、公共施設や市有地を太陽光発電に使うための「屋根貸し」「土地貸し」について、別の条例や要綱に規定を置いた。

屋根や土地の使用料を売電額の1％と近隣自治体（3％）より安くする一方で、屋根貸し・土地貸しをする条件を明示し、売電額の半分以上を①市に寄付する、②市内での地域活動・非営利活動に充てる、③市内の地域に還元する施策を取る、のいずれかのケースに限定した。「地域のエネルギーによる収益が地域で回るように」との仕組みの一環だ。

「あるものいかし」を実践

条例の根底にあるのは「緑の分権改革」と名づけた地域振興策である。

「自然エネルギー」と「障がい者福祉」「観光・特産品」を3つの柱に据え、これらを相互に連関させながら、地元の経済を循環させようと狙う。目標

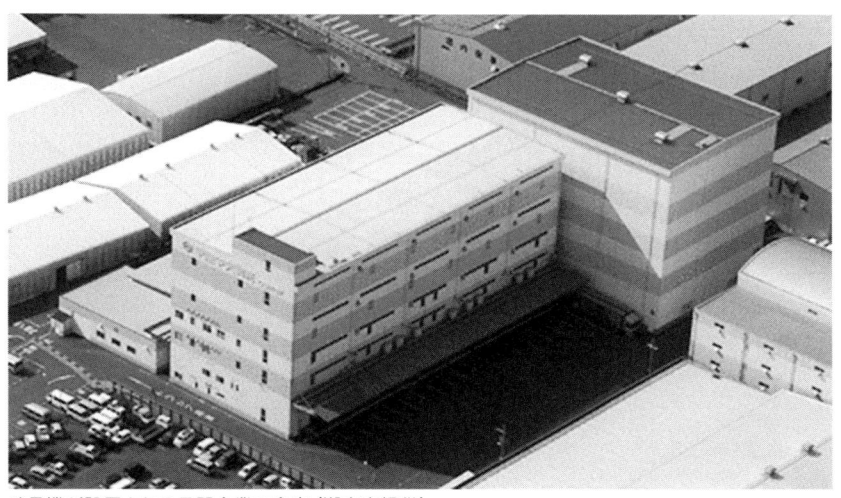

弐号機が設置される民間企業の倉庫（湖南市提供）

は「地域の自給力と創富力を高める地域主権型社会への転換」。創富力とは、富を生み出す力のことだ。総務省の補助を受けて2011年度に改革モデルをつくった。

　自然エネルギーを柱の一つに位置づけたのには、理由がある。市内での自然エネルギー活用の試みは、1997年に民間ベースで始まっているのだ。

　この年、事業性を持った市民共同発電所としては全国の先駆けとされる「てんとうむし1号」が、合併前の石部町で稼働した。障がい者と健常者が一緒に働く会社「なんてん共働サービス」が屋根に設置した4.35キロワットの太陽光発電所で、費用は400万円。うち360万円を30人が出資し、売電による配当を受け取る仕組みだった。5.4キロワットの「てんとうむし2号」も続き、やはり360万円を15人が出資した。この経験は、再生可能エネルギー固定価格買取制度の提言へとつながったという。

　やはり柱の一つになった障がい者福祉の分野でも、湖南市には先進的な動きがあった。障がい者らがあるがままの表現力で創った芸術作品「アール・ブリュット（生の芸術）」をまちづくりに生かしたり、障がい者の就労支援に力を入れたりしてきた。

　「市のキャッチフレーズは『あるものいかし』。地域にある人や資金、エ

ネルギー、食料、歴史、文化などを活用していくのがモットーです。緑の分権改革も、あるもの、つまり地域の資源をいかに経済に生かしていくかの実践なのです」(池本さん)。

　自然エネルギーや障がい者福祉の実績を地域の「資源」ととらえ、地域振興のアイデアを練る中で、課題として浮かび上がったのが「地域経済・産業の活性化にまでは至っていない」ということだった。地域自然エネルギー基本条例は、そこをクリアするために市が編み出した一つの手法だった。

市民共同発電と企業のコラボレーション

　「緑の分権改革」を具体化するために、商工、観光、農業、福祉団体などによる「こにゃん支え合いプロジェクト推進協議会」が結成された。市は協議会と包括的連携協定を結び、自然エネルギーを活用したまちづくりなど協働できる案件への協力を約束した。

　2011年秋ごろから協議会の関係者を中心に、新たな市民共同発電所を造ろうという動きが出てきた。2012年6月に福祉や環境のNPO関係者らによって、事業主体となる「一般社団法人コナン市民共同発電所プロジェクト」が設立される。現在の溝口弘理事長は、かつて「てんとうむし」が設置された、なんてん共働サービスの創立者である。市は出資や補助をせず、協定に基づいて支援するとのスタンスだ。

　発電所の設置費用は、信託会社を通じて市民出資を募り、全額を賄うことにした。太陽光発電で信託方式の市民ファンドを組むのは全国の先駆けで、信託会社のトランスバリュー信託(本社・東京)を利用している。

　「初号機」は、市有地を借りて社会福祉法人が設けている障がい者作業所の屋根に設置し、2013年2月に発電を始めた。作業所の名前にちなんで「バンバン市民発電所」と命名された。約250平方メートルに太陽光パネル144枚を並べ、容量は20キロワット。年間2万キロワット時を発電する計画で、固定価格買取制度を利用して全量を関西電力に売電し、年80万円の収入を見込んでいる。うち1％を市に賃借料として払う。

　事業費の800万円は1口10万円の出資を募り、約2カ月かけて全額を

地域商品券で交換できる特産品の一部（湖南市提供）

集めた。予定利率は2％で、20年かけて償還する。

「1口10万円はまとまった金額ですが、出資した市民も自然エネルギーへの関心が持続するのではないかと考えます」。池本さんが解説してくれた。

「弐号機」は、市内の運送会社・甲西（こうせい）陸運の倉庫の屋根を賃借することになった。同社は自前のメガソーラーも持っているが、条例の理念に賛同して提供を申し出てくれたという。「市民共同発電と企業のコラボレーション」がポイントだ。

1500平方メートルに400枚のパネルを置き、発電容量は105キロワットと、市民発電所としては有数の規模になる。年間発電量は10万キロワット時の見込み。同社のメガソーラーと一緒に管理してもらえるので、運用コストを抑えられる利点もある。

事業費は3600万円。初号機と同様に、信託会社を通じて1口10万円の出資を募った。市も協定に基づき社団法人と共同で、企業などに出資を依頼したり広報紙に記事を載せてPRしたりしたが、初号機の4.5倍の

金額だけに容易ではなかったそうだ。それでもなんとか約2カ月で集め、2013年9月末の稼働を予定している。

出資の配当は地域商品券で

「緑の分権改革」を地域経済に生かすツールとして、地域商品券の活用を打ち出しているのが湖南市の特徴である。

市民共同発電所の出資への元金償還と利子の配当は、市内で使える地域商品券で行うことにした。1口10万円を出資した人は毎年、元金償還と利息で約5000円分を受け取ることになる。初号機だけでも、1年間に40万円以上が商品券を介して確実に地域に落ちる計算だ。

弐号機の出資を募るにあたっては、2口目以降の償還・配当は地域商品券に限定せず、現金での受け取りも可能にした。企業が大口の出資をしやすいようにと配慮したためだ。それでも、商品券なら2％の予定利率を現金の場合は1.5％に抑え、商品券に誘導するようにした。

そこで、緑の分権改革の3つ目の柱、「観光・特産品」の出番である。

市観光協会は2011年10月に、地元産の野菜や加工品、工芸品を販売する「こなんマルシェ」をオープンしている。目玉は、地場伝統野菜「弥平とうがらし」の加工品で、ラスクや豆腐、ラー油など10種類以上の商品を揃える。市民共同発電所の出資者に渡る地域商品券は、マルシェで扱う商品と交換できることにした。弥平とうがらし商品、野菜や米をはじめ、地酒、近江牛、工芸品や福祉作業所の産品がラインナップに並んでいる。

地域商品券は市商工会が2013年度から発行を始めたもので、マルシェのほかにも、量販店、ガソリンスタンドなどを含む市内の約70店や、デイサービスといった福祉分野で使える。

飲食店なら地域商品券を利用する客にドリンクサービスをするなど、特典を付けてもらうよう依頼している。市も、敬老祝い金などを地域商品券で渡すことを検討している。商品券の利用客と流通量を増やすことで、加盟店を増やす。使える店や特典が多くなれば、利用者も増える。こうした循環をつくろうとアイデアを練っている。

発電の基本は小規模分散型

　市民共同発電所のプロジェクトが動き出したのに合わせて、市は2012年度の1年間、市民向けの連続講座を開いた。自然エネルギーと地域経済、各地の事例研究や太陽光の活用法などがテーマ。約100人が参加したフォーラムと合わせて、計8回に及んだ。こうした手順を踏んだこともあって、条例制定にあたって市民から目立った異論は出なかったという。
　市外企業が計画していたメガソーラーは条例施行後の2013年2月に発電を開始したが、この企業も市主催のセミナーなどに協力してくれているそうだ。
　社団法人と市は2013年5月から「コナン・ツーリズム」と名づけた視察コースを設けた。市役所での説明と、市民共同発電所や福祉施設の見学の後に、マルシェなどの特産品販売店に案内するのがミソだ。地域への経済波及にこだわっている。
　条例と市民共同発電所を核にした試みは、順調に滑り出したと言えそうだ。
　コナン市民共同発電所プロジェクトは、初号機、弐号機を含めて2014年度までの3年間で計300キロワットの発電設備の設置を目指している。
　弐号機は大きなものになったが、基本的には10～50キロワット級の小規模分散型で展開していく。年間100キロワットをめどに4000万円前後の事業を実現し、3年間で計1億2000万円とするべく、出資を集めるためのプランづくりに知恵を絞っている。出資金の償還が終了する20年後に予定利率の2％を超える利益が出ていれば、その分も出資者に還元する考えだという。
　初号機の出資への償還・配当は2014年2月から始まる。太陽光という地域の資源が生み出した利益が、さまざまな工夫と仕掛けを経て、地域経済にどう還元されていくのか。地域の人たちに効果が認められて、次の出資へとつながっていくのか。本格的に検証されることになる。

（小石勝朗）

第1部 各地の地域エネルギー先進事例❻ 東京都・世田谷区

世田谷ヤネルギー

エネルギー政策の柱は地産地消・地域間連携

世田谷区主催の再生可能エネルギーのシンポジウム。デンマーク・ロラン島の市議会議員、群馬県川場村村長、宮城県東松島市職員らが、現地での先進的な取り組みを紹介した（撮影日2013年7月2日、提供：世田谷区）

　東京都世田谷区は、都市部におけるエネルギーシフトの象徴的な自治体だ。3・11から約1カ月後の区長選では、脱原発を政策に掲げた保坂展人氏が初当選を果たし、力強くエネルギーシフト政策を推し進めている。人口88万人。これほど多くの人の住む街で再生可能エネルギーが普及したら、きっと全国に大きな影響をもたらすだろう。

エネルギー政策の2本柱

　電力不足が懸念されていた2011年夏、保坂氏が、東京電力に対して自治体ごとの電力使用状況の開示を請求したことは大きく報道された。当初、東電は出し渋っていたが、それでもなお食い下がり、東京23区全体の電力使用状況を世田谷区のホームページに掲載する運びとなった。
　また、世田谷区は23区で初めて特定規模電気事業者（PPS）からの電力購入を決め、区施設の電気代を年間6000万円も削減した（2013年）。ほかにも、区庁舎の蛍光灯を省エネタイプに交換したり、夏場、自宅のエアコンを切って区内の公共施設などに集まる「クールシェア」を提唱したりと、規模の大小にかかわらずさまざまな対策を実施してきた。
　区長就任から2年が過ぎた今、保坂氏は言う。
　「再生可能エネルギーを普及させるには、『地産地消』と『地域間連携』を同時に回すことが重要です」。
　この2つのコンセプトのもと、さらなるエネルギー政策を進める構えだ。

自然資源の少ない区内でできる「ヤネルギー」

　順番に見ていこう。
　世田谷区では、区内住宅への太陽光発電導入を促す「世田谷ソーラーさんさん事業」（通称・世田谷ヤネルギー）を2012年7月から実施している。自然資源の少ない区内でできる、エネルギーの地産地消プロジェクトだ。
　世田谷ヤネルギーは、区の外郭団体（株）世田谷サービス公社が太陽光パネルメーカー、販売・施工店、地元の信用金庫にはたらきかけて結成したソーシャルプロジェクト。スケールメリットによってコストダウンを図り、さらに国と東京都の補助制度を活用し、設置費用を低く抑えた。補助金の申請手続はプロジェクトが代行。地元信金による低利なローンも用意している。

保坂展人世田谷区長（2013年8月2日、世田谷区役所にて。撮影／編集部）

　世田谷区では、もともと太陽光発電の設置に1件あたり10万円の補助金を設けていた。2011年度は約600件に交付したが、希望者は1200件（人）だった。すべてに補助金を交付するには、1億円以上の予算がかかる。まして区内の戸建て住宅は約12万戸。「隅々まで太陽光発電を行き渡らせるには、予算面の限界がある」と保坂氏は判断し、あえて区の補助金をゼロにして、新たに世田谷ヤネルギーを始めた。

課題はパネル設置のタイミング

　世田谷ヤネルギーは、2012年から2014年度までの3カ年計画。初年度はマスコミでも大きく報道され、問合せ件数は約2000件にのぼり、約600件が見積もりをとった。最終的に契約したのは200件で、募集枠の1000戸には及ばなかったが、大きな一歩を踏み出したことに間違いない。設置家庭を対象としたアンケートでは、96％以上が「満足している」と答

世田谷区の主なエネルギー政策

2011年
・東京電力に自治体ごとの電力使用状況を開示請求
・区施設の節電のために蛍光灯を省エネタイプに交換
・PPSからの電力購入
・再生可能エネルギーシンポジウムの開催

2012年
・冷房の効いた区施設等に住民が集まる「クールシェア」の提唱
・せたがやソーラーさんさん事業(世田谷ヤネルギー)

2013年
・三浦太陽光発電所計画(仮称)
　※区が所有する神奈川県三浦市の土地に、ハーフメガワット発電所を建設予定。
・住宅のエコリフォーム助成

えていた。また、これから事業を発展させるために解決すべき課題も見えてきた。

　公社企画課課長で、世田谷ヤネルギーを統括している小坂康夫氏は、こう語る。

　「見積もりをとっても契約に至らなかったのは、屋根の向きや角度、建物の耐性などの条件が見合わないケースでした。北側の屋根が発電に適さないことは想定内でしたが、建物のライフサイクルの問題は予想以上の障壁でした。新築住宅には、10年間の建物保証があります。期間内であれば、雨漏りなどは保証の対象となりますが、途中で屋根に手を加えると無効になってしまう。太陽光パネルを設置するなら、新築のタイミングか、築10年以上たった建物が適していることがわかりました」。

　古すぎる建物に関しても、問題点と、その解決策が明らかになった。

　「建築基準法が改訂される前の建物は、地震の際の横揺れに弱く、パネルを乗せられないケースがあります。ただ、すぐに諦める必要はありません。旧耐震基準であれば、区の無料耐震診断を受けられます。問題があ

れば補助金で補強でき、太陽光パネルを乗せられるようになることもあります」。

集合住宅や事業所向け募集も開始

初年度は国と東京都の補助金があったため、標準モデル（発電能力3.4kW、木造2階建、既築、切妻屋根）は、総経費116万円台から設置できた。設置費用は、屋根の形状や設置時の足場の組み方などで異なるが、もっとも安価な例では29万9000円/kW（木造2階建、既築、寄棟屋根）だった。

2013年度からは、都の補助金がなくなり、募集プランは大きく再編された。戸建住宅だけでなく集合住宅と事業用建物の募集も開始し、価格体系は屋根の形状によって8プランに細分化された。加えて、オプションでリチウムイオン蓄電池と、家庭用エネルギー管理システム「HEMS」（ヘムス）設置を設けた。HEMSとは、家庭のエネルギー消費量をモニターやパソコンなどでいつでも確認できるようにするシステムだ。

「都の補助金は、太陽光パネルの価格がこの4年間で40％も下がったことを理由に廃止されました。国の補助制度も2013年度で終了します。代わりにできたのが蓄電池の補助制度です。国と都の補助制度と合わせると、設置費用の半分ほどが補助で賄われます」。

2013年度の募集枠は、戸建て600件、集合住宅・事業用建物200件。取材時（2013年7月時点）は募集開始直後ということもあって、すべて合わせて50件前後の申込みだったが、今後の広がりに期待したい。

「集合住宅は意思決定が複数名である点が課題です。管理組合の幹事、管理会社、建物のオーナーと何段階もの会議があり、管理会社は賛成でも、マンションの総会で否決されることもある。住民の高齢化の進んだマンションでは、住民による管理に手が回らないケースも増えています」。

事業を継続させるのはラクではないが、「集合住宅や事業者に向けて、ヤネルギーによる光熱費削減効果や、イメージアップ効果をもっと伝えられたら」と小坂氏は言う。

中央集権型エネルギー政策から抜けだす

　こうして自分たちの電力を作る一方で、再生可能エネルギーの輪を広げることまで視野に入れているのが、世田谷区のエネルギー政策だ。保坂氏が言う「地域間連携」は、各地域で生まれた再生可能エネルギーを世田谷ないしは、別の自治体が購入したり、事業に出資したりすることを指す。

　国が進めてきた中央集権型のエネルギー政策は、都市部の住民が地方に危険な原発を押しつける構造だった。そこから抜けだし、地方の収入と雇用を創出するために、現地の再生可能エネルギーを都市部が支える仕組み作りを目指している。

　「もともとは、南相馬市の桜井勝延市長との会話の中から生まれたビジョンです。桜井市長が太陽光や風力発電に取り組もうとしていて、そこで発電される電力を、PPSを通じて世田谷区が購入したらどうかと考えました。理念にカンパするだけでなく、具体的な結びつきを作りたい」。

　東京都生活協同組合連合会が都内2000人の組合員を対象に行った調査では、43％が「再生可能エネルギーを利用した電力であれば、東京電力より価格が多少高くてもかまわない」と答えていた。「すでにマーケットはできています」と保坂氏は語る。

地域間連携を実現するために

　目下の課題は「再生可能エネルギー促進のためのプラットフォームになること」だ。地域間連携を実現するには、まずはお互いの顔を知ることが欠かせない。電力関係者だけが集まる見本市や、自治体関係者が集まる環境セミナーは頻繁に開催されているが、実際に連携するには距離がある。それを世田谷が媒介する構想だ。

　2013年で36回を数える「せたがやふるさと区民まつり」は、世田谷区がプラットフォームとしての機能を果たす絶好の場だった。音楽ステージや、子どもたちのみこし・山車の行進のほか、旧来から世田谷区と交流の

ある自治体の物産展、観光・ツアーの案内などが行われる祭りだ。36の自治体が参加し、33万人もの来場者でにぎわった。

保坂氏は、区民まつりに参加する首長同士の懇談会で、エネルギー政策の地域間連携を呼びかけた。群馬県川場村とは、具体的に小水力発電の水車を共有する案が進行している。

「川場村と世田谷区は、以前から『縁組協定』を結んでいました。区内の大学が中心になって道の駅を作ったり、子どもたちの移動教室の場になっていたりしており、世田谷区民にとっての"第二のふるさと"のような村です。エネルギー政策の連係によって、さらに身近になることを期待しています。また、自治体同士であれば、小水力発電のハードルになりやすい水利権の問題をクリアしやすいメリットもあります」。

他にも、世田谷との交流に乗り気な自治体は少なくない。長野県の阿部守一知事は、県としての連携に積極的な姿勢を見せている。

区長に就任当初、保坂氏は"少数与党"であることが心配された。だが、エネルギーの地産地消も、地域間連携も、議会で明確な反対論はない。一部議員からは「区長はずるいのではないか。『脱原発』とはっきり言わずに」との声はあるそうだが、脱原発に対する意見を超えて、広く受け入れられる。

地域間連携には電力自由化がキーポイント

今後、地域間連携がさらに発展するには、電力自由化が重要なキーを握る。電気事業法の改正は遅々として進まないが、「実現した際には、モデル事業を行いたい」と保坂氏は意気込む。具体的な事業モデルを示すことで、新たにPPSに参入しようとしている企業を後押ししたい考えだ。

「自由化によって何が変わるか。意外と語られていませんが、電力の供給体制を根本から変える重要な変化です。例えば、北海道電力は民間の風力発電による電力を買い渋っていますが、PPSが買い取ることができれば、問題は一気に解決します。100％再生可能エネルギー、もしくはそれに近い電力に付加価値がつくのです。電力市場に与えるインパクトはFIT

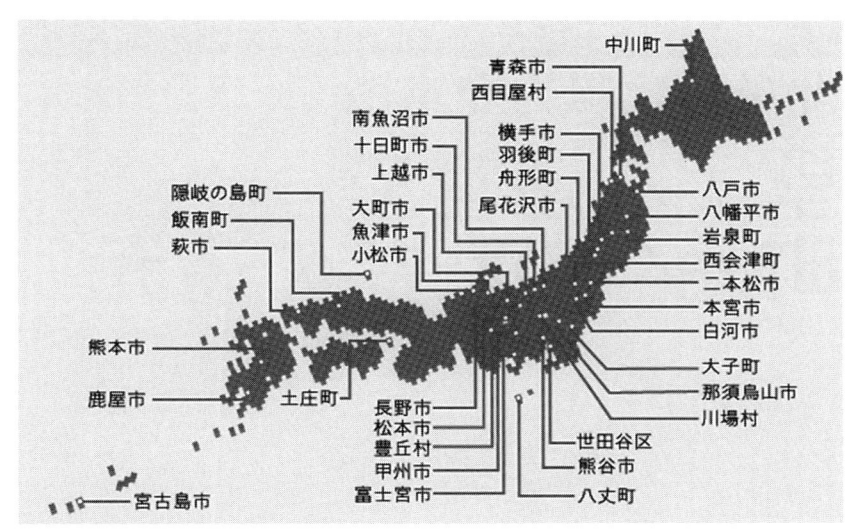

世田谷区の交流自治体マップ。青森県や福島県、新潟県など、原発立地自治体も多数含まれている。

の導入時以上でしょう」

　保坂氏は世田谷区長だ。しかし、世田谷のことだけ考えているわけではない。

　「世田谷と一緒に再生可能エネルギーに取り組む自治体が2つ、3つと現れることで、『こういう方法があるのか。じゃあ、うちは杉並区と組もう』などと、どんどん広がればいい。国の制度改革をまっていても始まりません。社会のデザインを変えて行くプロジェクトに、ぜひ参加して欲しい」。

（越膳綾子）

第1部 各地の地域エネルギー先進事例❼ 鳥取県・北栄町

北条砂丘風力発電所

堅実な運営で町民への利益の還元

日本海からの風を受けて回る北条砂丘風力発電所の風車（2013年6月24日、撮影／小石勝朗）

　「負の遺産」だった風を「宝物」に変える———。鳥取県北栄町（人口1万6000人）は2005年に9基から成る風力発電所を開設し、町が自ら運営してきた。地球温暖化防止やエネルギーの地産地消を目的に地道に電気をおこしてきたが、いま、予想していなかった「追い風」を受けている。再生可能エネルギーの固定価格買取制度のおかげで売電価格が急上昇し、町民税に迫る稼ぎ手に浮上したのだ。「風の贈り物」をどう活かしていくか、今後の取り組みが課題になっている。

自治体直営の風力発電所では国内最大級

　町役場北条庁舎から車で10分ほど。日本海から防砂・防風林を挟んだ北条砂丘と呼ばれる平地に、背の高い9基の風車が並んでいる。そばを国道9号が走るが、周囲は畑で、のどかな風景が広がる。一番近い民家は風車から300メートル。騒音の環境基準値は超えていないという。

　「風車は1分間に9.6〜17.3回転します。時速139〜251キロです。発電量は風速の3乗に比例し、秒速12.5メートルで1基あたりの最大出力である1500キロワット時を発電します」。

　高さ103.5メートルのドイツ製風車を真下から見上げながら、町役場で風力発電所を担当する地域整備室の松井達也さんの説明を聞いた。3枚の羽根（ブレード）の部分の直径は77メートル。発電機（ナセル）は地上65メートルのところにある。1基の重さは213トン。

　風速が毎秒3メートルで回り始め、風車の向きや羽根の角度は風に応じて各基で自動的に変わる。取材に訪れた日はあまり風が強くなく、風車は途中で止まったりもしていた。ちなみに、風速が20メートルを超えると安全のため自動停止するそうだ。

　順調に風が吹いた場合の目標発電量（推定売電電力量）は、年間2万3932メガワット時。6600世帯分の使用電力に相当し、北栄町の全世帯数（5200）を上回る。二酸化炭素（CO_2）削減量は年間1万3300トンにのぼる。

　自治体が直営する風力発電所としては、国内最大級である。

1990年代後半に構想が浮上

　この地域の風をエネルギーとして活用しようとする動きは、1990年代後半からあった。1997年に鳥取県企業局が地上20メートルで、1998年には鳥取大学が地上30メートルで、それぞれ風況調査を実施したが、風力発電にふさわしい風は観測できなかった。

鳥取大は2001年、調査地点を防砂・防風林より高い地上70メートルに上げる。1年間の平均風速は毎秒5.68メートル。事業化の目安とされる5メートルを超えることがわかった。

　2001年秋に合併前の北条町長に就任した松本昭夫氏（現・北栄町長）が風力発電所の建設を表明し、取り組みが本格化する。町は2002年5月に鳥取大教授、民間有識者、町民と県、町による研究会を設け、翌2月に「事業化は可能」との提言を受けた。

　2003年度予算には基本設計などの事業費が盛り込まれた。風車の業者7社に建設費や管理費の見積もりを依頼する一方、中国電力との電力受給確認書の締結、補助金の申請、地質や鳥類への影響の調査と、準備はめまぐるしく進んだ。風車の機種が決まると、町民や地権者への説明会。2004年9月に建設工事の契約を明電舎と結ぶことが町議会で承認され、2005年2月には起工式が行われるというハイペースだった。

　「今なら2、3年はかかる環境影響評価（アセスメント）が当時は義務づけられていなかったので、速く進めることができたようです」。町地域整備室長の斎尾博樹さんが教えてくれた。

　地球温暖化対策の必要性は認知されていたとはいえ、町民からは疑問も出たそうだ。「どうしてこんなに大がかりなものを造るのか」「採算はとれるのか」「騒音などの影響はないのか」という内容が目立った。町は、環境に優しいエネルギーを作り出したり子どもたちに良い環境を残したりする目的や、風力発電所がそのシンボルになることを、収支計画のデータや安全性とともに丁寧に説明したという。

合併協議にも影響

　もう一つ問題があった。時期を同じくして近隣市町との合併協議が進んでいたことだ。

　北条町は「風力発電所は町営で」と決めていたので、施設や運営は合併後の自治体に引き継がれる。採算にのる確証がないこと、全国的にもこれほどの規模の前例がないことを挙げて、協議相手の自治体の議員らが

「合併前の駆け込み事業で、巨額の借金を持ち込むだけではないか」と批判してきたのだ。

結局、合併の相手を隣の大栄町に絞り、風力発電所は建設されることになった。2005年10月に誕生した北栄町の町長に松本氏が当選したことも、計画の推進を後押しした。

発電所の規模を決めるにあたっては、1キロあたり1億円といわれる送電線の建設費が勘案された。半面、採算ベースに乗せるためには、ある程度の数の風車が必要だ。両者を加味して決めたのが、町境付近から4キロの区間に1500キロワットの風車9基、という現在の配置だった。風車の用地は民有地を購入し、中国電力と結ぶための変電所は県の施設の敷地を借りた。

北栄町観光協会が作ったキャラクター「ふうちゃん」

事業費は28億円。当時の町の一般会計が35億円だから、町民にしてみればびっくりする金額で、「本当に返せるのか」といぶかるのも無理はなかった。このうち20億5000万円を町の借金である公営企業債で、7億円を新エネルギー・産業技術総合開発機構（NEDO）の補助金で賄った。合併前の北条、大栄の両町民を対象に、総額8000万円のミニ公募債「風車債」も発行し、住民参加型の事業とした。

「北条砂丘風力発電所」は2005年11月に完成した。

管理体制の拡充・強化が課題

なぜ、町が自ら風力発電所を営むことになったのか。斎尾さんはこう説明する。

「一番大きな理由は、町営ならば土地や資産に固定資産税がかからない

こと。公営事業ですから、利益が出ても法人税を払わなくていい。逆に、この規模の風の強さでは、税金を計算に入れると民間では採算が厳しいということでした。こうした事情を踏まえて、最終的に町長が判断しました」。

　一方で、風車のメンテナンスを町の責任でしなければならず、苦労も多いようだ。維持・管理や点検に年間約1000万円、修理の部品代に約2000万円かかっている。保険料なども合わせて毎年約7000万円の保守管理費を予算計上している。

　基本的に、委託業者である明電舎の沼津事業所（静岡県）が24時間態勢で風車を監視している。トラブルが起きても、スイッチの入れ直しや簡単な制御ならば、遠隔操作で可能だ。しかし、それで復旧しない場合は、担当議員の松井さんが現場に行ったり、同社やメーカーの技術者に来てもらったりすることになる。そうしたケースもけっこうあるそうだ。

　町の担当者は、主任技術者（非常勤）と、電気の技術職員である松井さんの2人。風車の故障が感知されると、明電舎とともに、主任技術者と松井さんが持つ携帯電話にも24時間態勢で通知のメールが送られてくる。夜間の場合が多く、同社からの対応の連絡などで多い時には一晩のメールは約20通に及ぶという。何が起こるかわからないから、メールが来る都度、内容を確認している。

　特に気がかりなのは、冬の雷だ。「毎冬、1基に1回は雷が落ちていますね」と松井さん。発電機の上の避雷針に落雷し、そばの風向計や風速計が壊れたこともあった。羽根の先端が雷で損傷して、その蓄積で風車の強度が損なわれることも心配だ。一昨年から、毎年春〜夏に修理をすることにしたが、どこに影響が出るかわからないだけに気が抜けない。

　管理体制をどうするかは今後の課題だという。斎尾さんは、こう語る。

　「率直に言って今の状態は脆弱で、怖い面もあります。たとえば、電気事業法で義務づけられている主任技術者が欠けると、運転そのものができなくなります。そうなれば町の収益も減ってしまう。堅実な運営と利益確保の両方のために、体制の拡充を本格的に検討していきたいですね」。

固定価格買取制度が追い風に

　年間の目標発電量に対する達成率は、2006〜2012年の7年間で82.8〜100.2％。年によって実績は異なるが、最も多いとみられていた1月の数値が見込みより少なくなっているのが主因だ。町は「風況調査の年の1月に、たまたま強い風が吹いていたのかもしれない」と分析する。

　発電所の設備利用率は、おおむね18％。当初計画の20.2％より1割ほど低いが、その前提で堅めに毎年の事業計画を立てている。町は「当初の見込みから大きく外れない範囲で手堅く運営してきた」と評価している。

　おこした電気はすべて中国電力に売電しており、毎年の収入は2億5000万円前後。建設時の借金は年に1億8000万円ずつ返しており、2018年度に完済する予定だ。風車の耐用年数は20年間（2025年まで）なので、完済して以降に出る利益が最終的に10億円程度残れば、という控えめの心づもりで運営してきたという。

　ところが、ここに来て大きな変化が表れている。再生可能エネルギーの固定価格買取制度が適用され、2012年12月に1キロワット時あたりの売電価格が約11円から約21円に上がったのだ。

　おかげで、2012年度の売電実績額は見込みより7000万円増えた。2013年度の売電収入の見込み額は4億6000万円に跳ね上がり、前年同期の見込み額より2億1000万円も多くなった。一般会計が総額75億円の町で、町民税（5億5000万円）の収入に近づいている。

　北栄町の風力発電所は、もともと買取制度の対象ではなかった。しかし、2012年7月からの新制度導入に伴い既存の設備にも適用可能となったため、資源エネルギー庁の設備認定や中国電力との交渉を経て、恩恵を受けられることになった。稼働の20年後、つまり2025年まで同じ価格で買い取ってもらえる。

　「事業にとってかなり大きなプラス要素になったのは間違いありません。これまで冷や冷やしながら経営していたのは事実ですし、建設からの年数が経てば施設維持費もかかるようになりますから」（斎尾さん）。

売電収益の使途めぐり異論

　さて、思わぬ利益を何に使うか。

　町は、風力発電の特別会計に売電の収益による基金を設けている。起債償還（借金返済）の据え置き期間だった最初の2年間に、返済額に相当する計3億5000万円を積み立てた。

　風力発電の収益が増えることから、町は2013年度の当初予算案で基金から5000万円を取り崩し、一般会計に繰り入れることを計画した。借金返済以外に使うのは初めてだ。

　使途として予算案に盛り込んだのが「風のまちづくり事業」。公民館へのソーラーパネル設置に補助をしたり、防犯灯をLED化したり、高齢者や障害者の外出支援サービス用に電気自動車を購入したりする内容だった。「環境事業の収益を環境事業に使う」のが狙いで、「予算案の目玉」と位置づけていた。

　ところが、この計画が町議会で反発を受ける。最初に出した当初予算案は否決され、修正した予算案も否決。2012年度中に可決されずに、町は暫定予算を組むことを余儀なくされた。結局、3回目の予算案が2013年5月にようやく可決された。

　町民への売電益の還元方法をめぐって、町議から「上下水道料金や国民健康保険料を軽減するなど、町民負担を減らすことに充てるべきだ」「まだ使える防犯灯を交換する必要はない」といった意見が出た。結局、町は公民館へのソーラーパネル導入の予算を取り消し、LED化する防犯灯の本数を減らしたり、電気自動車をガソリン車に切り替えたりした。

　見込みより大きく増えた売電収入について、「環境事業の収益は環境のまちづくりに使う」という考え方も、「町民の負担軽減を」という主張も、間違ってはいまい。今後、風力発電所の維持管理体制の拡充や、借金の繰上げ返済なども、使途の検討対象に挙がってきそうだ。どういう方向性を打ち出し、地域の資源がもたらした利益を具体的に町民にどう配分していくのか。町の基本的なスタンスと議論の進め方が問われてくるだろう。

町のシンボルとして活用

　風力発電は町内の学校の授業で取り上げられることが多く、地元の子どもたちを中心に環境への関心を喚起している。町も風車のフォトコンテストなどを通して、風力発電やその目的の普及啓発に努めてきた。町観光協会は最近、風車をあしらったキャラクター「ふうちゃん」を作って、「風車の町」のPRに力を入れている。

　稼働から7年が経ち、はっきりとは見えにくいものの、風力発電所の効果は町の内外にじわりと広がりつつあるようだ。

　エネルギーの地産地消を町民に実感してもらうため、町は地域で効率的に電力を融通するスマートグリッド（次世代送電網）の導入も検討しているが、実現は難しそうだという。風力発電でおこした電気を地域で使うとなると、変電所や配電、蓄電設備などを整備する必要があり、町単独で取り組むには課題や負担が大きい。

　稼働から20年経った後に風力発電所をどうするか考えていこう、という動きも出ている。しかし、今から10年以上先の買取価格がいくらになるかわからないし、発電所を建て替えるにしても、建設費の見通しや、さらにその時点で行政が続ける意味があるかどうかも不透明で、簡単には結論を出せそうにない。

　当面は、やはり発電所を堅実に運営しつつ、町のシンボルとして環境教育やPRに活用し、同時に町民の意見も聴きながら将来の展開を考えていくことになりそうだ。

　松井さんが力を込めた。

　「固定価格買取制度が適用されて、その費用は電気料金に上乗せされるので、風力発電所を消費者に支えてもらう形になりました。行政が営んでいる事業でもあり、発電所の運営・管理はもちろん、情報公開や見学・視察への対応もこれまで以上にしっかりやっていきたいですね。風力発電所の活動をより多くの方に還元できるように努力していきたいと思っています」。

（小石勝朗）

第1部 各地の地域エネルギー先進事例❽ 長野県・飯田市

飯田市再生可能エネルギー条例
市民主体の発電事業の
ルールを定めた初の条例

飯田市立鼎みつば保育園の屋根に市民出資方式により取り付けられた太陽光発電パネル（2013年8月31日、撮影／編集部）

　地域エネルギーの「元祖」とも呼ばれる長野県飯田市（人口10万6000人）が、再生可能エネルギーによる市民主体の発電事業を支援する条例を制定した。地域の自然資源を優先的に利用する権利を市民に保障したうえで、市が事業に協働するためのルールを定め、売電の利益によって地域の課題を解決する枠組みを整えた。「持続可能な地域づくり」に向けた先進的な仕掛けが盛り込まれている。

なぜ条例ができたのか

　地域の自然エネルギーを活用した発電の事業化に行政がどう関わるか、さらに進んでいかに支援するかは、全国各地の自治体に共通する大きな課題だろう。

　飯田市で公民協働による市民出資方式の太陽光発電がスタートしたのは、2004年度のこと。市が37カ所の公共施設の屋根について、民間企業の「おひさま進歩エネルギー」が20年間無償で使える許可を出し、この期間中、発電した電気を固定価格で買い取る契約を結んだことで実現した。

　当時、「公共性」「公益性」を判断する大きな基準は、エネルギーの地産地消だった。飯田市の場合、設備容量が2000キロワット以下の発電所がおこした電気を中部電力に売電すると、その電気は地元の配電所管内で使われることになっている。つまり、自動的に地産地消になるわけだ。「再生可能エネルギーによる発電」は、それだけで公共性を認定しやすかった。

　しかし、国により2009年に太陽光発電の余剰電力買取制度が始まった頃から事情が変わってきた。売電による利益が一般的に、発電事業者や設備所有者の「丸取り」になりかねなくなったからだ。2012年7月の固定価格買取制度（FIT）への移行で、再生可能エネルギーによる発電はさらに「儲かる事業」になる環境が整えられることとなった。

　利潤だけを追求する事業化ならば、行政が支援する大義名分は立たない。どんなロジックで地域における公共性や公益性を導き出すか、自然エネルギー資源を多く有する地方では、新たな枠組みを整える必要に迫られた。

　そこで飯田市が制定したのが、2013年4月に施行した「再生可能エネルギーの導入による持続可能な地域づくりに関する条例」（巻末資料3）である。事業の公共性を認定する要件を定め、該当すれば行政との協働事業として手厚く支援する仕組みを築いた。売電事業によるメリットが地域や住民のために使われるよう配慮し、住みよいまちづくりにつなげる。全

国的にも斬新な内容である。

　条例は、地球温暖化対策課と、有識者が組織するタスクフォースとの協働作業で市の骨格が作られた。構想は2009年ごろから温めてきたそうで、条件が飯田市と似ているドイツ・フライブルク市などへ調査に行き、現地で学者ら専門家の意見を聴いたという。

　同課の田中克己さんは条例の狙いをこう話す。

　「再生可能エネルギー事業の公共性を担保することで、市民と行政との協働を深められるように工夫しました。とはいえ、目的は再生可能エネルギーによる発電を促進するだけではなく、それによって『分権型エネルギー自治』を進め、持続可能な地域の発展を目指すことです」。

条例の3つのポイント

　条例が最初に宣言しているのが「地域環境権」である。「憲法上の人権に由来する今日的な市民の権利」として明文化した。

　「地元の自然資源を環境や暮らしと調和する方法で再生可能エネルギーとして利用する権利」「その利用による調和的な生活環境の下に生存する権利」（3条）と定義し、市民に保障した。地域の自然資源は、地域の住民に優先利用権があることを謳っている。

　そして、市が再生可能エネルギーによる発電事業を支援するのは「市民の地域環境権を保障するため」（5条）との論理を立てた。これが第1のポイントだ。

　太陽光、風、水といった自然エネルギー資源は地域の「総有財産」と位置づけ、地域の合意で発電に使うこととした。では、その主体をどうとらえるか。ここが第2のポイントになる。

　基本的には、自治会などの「認可地縁団体」（地方自治法）が自ら実施する発電事業を想定している。しかし、単独で行えない場合は「公共的団体等」（同法）と協力することもできると規定した。

　「公共的団体等」というのは、自治会、農協、森林組合、商工会、社会福祉協議会、青年団、婦人会などを指すが、「公共的活動を営むものはす

べて含まれ、法人格を持つかどうかは問わない」（旧自治省の行政実例）。この解釈を準用し、「公共的な活動の部分に限って、つまりみんなのために役立つ部分については、企業の参加も可能にしたのが条例の大きな特徴です」と田中さんは説明する。

　地方自治法によると、市長は市内で活動する公共的団体に対し指揮や監督をすることができる。条例は、再生可能エネルギーによる発電事業にあたっても、市長の指揮権の一環として、市と協働で事業を進める相手を選定し支援する、という構成にした。

　ただ、事業者がこうした規定に該当するとしても、発電事業の中身が何でもいいというわけにはいかない。そこで、事業の公共性を判断する基準として「公益的再投資」という概念を採り入れた。ここが第3のポイントになる。

　条例は「地域住民への公益的な利益還元」（9条）と表現している。固定価格買取制度による売電の利益を、たとえば地域の福祉や医療、公共交通といった公益的な目的のために使うことを指す。具体的には、地区を走るバスの増便や公民館の改修などがこれに当たりそうだ。もちろん、発電した電力を地域住民がみんなで利用するようなケースも含まれる。

公民協議で事業促進

　再生可能エネルギーを利用した発電事業計画が、こうした公共性の要件に該当するか。市は住民組織から提案を公募し、市長の附属機関「再生可能エネルギー導入支援審査会」を設けて認定することにした。

　審査会は、諸富徹・京都大学院教授（環境経済学、財政学）を会長に、日本政策投資銀行、地元の八十二銀行、飯田信用金庫、弁護士、中部電力、小水力発電の専門家らで構成している。

　審査基準要綱に基づいて、事業の公共性とともに持続性、採算性を事業者とひざを交えて吟味し、市との協働事業にふさわしいかどうかを判断する。その過程で委員が無料で助言・提案をして、事業計画に反映してもらう。技術面、法務や資金調達、市の環境政策との整合性など、幅広い

太陽光や水力に恵まれた飯田市。平地が少ないために農作業を共同で行い、協働の土壌が培われた（2013年7月23日、撮影／小石勝朗）

領域を対象にする。審査会のOKが出ると、市から「地域公共再生可能エネルギー活用事業」のお墨付きが得られる。

　活用事業＝市との協働事業になることで行政の信用が加わるから、資金調達が円滑になる効果が期待される。

　金融機関から融資を受ける場合は、その発電事業による将来の収益と発電用資産だけが担保になる「プロジェクト・ファイナンス」の手法を想定しており、適正な事業運営や採算の確保が条件になる。このため、審査会が第三者の専門的な立場で出した決定や助言・提案の内容を市長名で公表し、事業が始まってからも状況の監査や助言をできることにした。審査会による客観的な評価や方向づけが、事業に対する事実上の公的な品質保証になるように工夫した。

　ファンドによる市民出資を募る場合も同様に、こうした手続が事業に対する公共的な意義や信頼感を付加し、投資に必要な情報を提供することにもなる。「市民出資を促すことで、地域住民による主体的なまちづくりと、地域での財貨循環を後押しすることになります」と田中さん。

　条例は、ほかにも活用事業への支援策を定めている。

　市出身者からの環境目的の寄付を元手に、4000万円の「再生可能エ

ネルギー推進基金」を新設し、活用事業に1000万円まで無利子で貸し出す。発電設備の工事発注前に必要な水量、風向、地質といった各種調査や環境アセスメントなどのためのブリッジローン(短期融資)として使ってもらう。

　プロジェクト・ファイナンスでは、準備・調査の費用が融資の対象にならないケースがあることに配慮した。市の基金から貸し付けを受けたことを与信の一つにする狙いもある。2年据え置き後、10年以内で返済するのが基本だが、条件は相談に応じる。

　太陽光発電で市の施設の屋根や市有地を使いたい場合など、活用事業に認定された事業には積極的に利用してもらい、使用料を取らない。公共性を備えた公民協働事業と認められており、行政財産の目的にかなった利用にあたるからだ。さらに補助金の交付も、市の支援内容として記している。

条例適用第1号は小水力発電

　条例の適用第1号になるとみられているのは、市の南東部に位置する上村(かみむら)地区だ。2005年に飯田市に編入合併した人口500人ほどの限界集落。自治会が中心になって、天竜川支流の小沢川(こざわ)に、落差を利用した小水力発電設備を設ける。設備容量は150〜200キロワットを計画している。

　年間100万キロワット時の電気をおこして全量を中部電力に売電すれば、固定価格買取制度で約3000万円の売り上げになる。このうち1000万円近くを利益と見込み、「公益的再投資」として、地域住民が自ら必要とする地域づくりのための費用に充てることを検討している。

　審査会に諮って事業内容を2013年度末までに決定し、1年間の建設工事を経て、早ければ2015年度はじめに稼働する見通しだ。事業費は2億〜2億3000万円で、地元金融機関の融資と市民出資で調達することが想定されている。

　「ほかにも候補はいくつかあります」と田中さん。「『公益的再投資』をどう実行するかで悩んでいるところが多い。公共性、公益性はさまざまな条

件によって変わってくる相対的な概念でもあり、しっかり見極めていきます」。

まちづくりのキーコンセプトは「結」

　飯田市は平地が少ないため、もともと農作業などを通して共同作業が定着していた。鎌倉時代には、飯田ではなく「結田（ゆいだ）」という地名で呼ばれていたそうだ。市の理念には「結（ゆい）」を打ち出し、人と人、人と自然を結ぶ、さらに行政と市民を結ぶ＝協働を、まちづくりのキーコンセプトにしている。

　「小さなエリアで『結』という基盤があり、地縁や血縁による濃い関係性があるからこそ互いの信頼感が育まれやすく、事業への『与信』が成り立ちやすい土壌には違いありません」（田中さん）。

　それを補完するのが今回の条例、と位置づけている。再生可能エネルギーによる発電事業を、「結」という言葉で表される協働性を媒介に、いかに財貨循環につなげていくか。その社会システム化、実装化なのだという。

　一方で市民に対しても「自分たちが必要とし、自分たちにマッチした公共的なサービスを、自分たちで考え、自分たちで創り出していく気持ちを呼び起こしてほしい」との願いを込めた。

　将来は審査会が、事業に参加する企業の公共的な活動の実績をもとに「環境格付け」をすることも視野に入れている。

　今回の枠組みを他の自治体の人たちに説明すると、おしなべて「うちでは無理」との反応が返ってくるそうだ。「でも」と田中さんは続ける。

　「どこであっても無理なことはありません。まずは自分の土地にある資源を探して飯田のどの部分を応用できるか考え、もし飯田が失敗することがあればどこで失敗したかを見ていただきたい。ぜひ挑戦の方向を参考にしてほしいですね」。

（小石勝朗）

第1部 各地の地域エネルギー先進事例❾ 青森県・八戸市

NPO法人グリーンシティ
自分たちの発電で地域自立の第1歩を

グリーンシティが手がける発電所の設置予定地

あまり知られていないが、青森県は風力発電量が日本一である。風車の設置数は202基。しかし、そのほとんどは県外資本によるもので、地元の風車は6基しかない。せっかくの再生可能エネルギーが、地元の利益に結びついていないのだ。状況を打破すべく、地元のNPOが立ち上がった。太陽光発電を通じた地域振興を実現すべく、日々、奮闘している。

2014年運用開始予定

　抜けるような青空に、カラリと乾いた空気。青森県南部、八戸市と三戸郡からなる三八地方は、北国であることを忘れさせるくらい日射量に恵まれている。NPO法人グリーンシティ（八戸市）理事長の富岡敏夫さんは、満面の笑みを浮かべて語る。
　「びっくりしたでしょう。この辺りは県内でも雪が少なく、一番寒い2月だってお日様が照っている。夏は涼しいので発電効率は良い」。
　グリーンシティは、隣接する階上町に出力約811キロワットの太陽光発電所を設置する。2013年内に工事を済ませ、2014年早々には運用開始予定だ。地元のみちのく銀行から、2億6000万円の融資を受ける手続中で、事業が滑り出したら市民出資も募る予定だ。
　「少しずつでも、地元の雇用に役立てたい」と富岡氏は意気込む。

系統接続拒否

　だが、ここに至るまでの道のりは、決して平たんではなかった。
　計画当初、グリーンシティは4400キロワットのメガソーラーを想定していた。みちのく銀行と約束していた融資は、なんと14億円。前代未聞の大型プロジェクトとして、地元紙を大きくにぎわせた。それが、発電量にして約6分の1にまで事業規模を縮小せざるを得なかった。なぜか。わけを尋ねると、富岡さんは1枚の書類を見せてくれた。

> 系統連系申込書の返却について
> 弊社系統の状況が大きく変わったことにより、お申込みの連係容量での連携が不可となりました。

　いかにも無愛想に書かれたその書類は、2013年3月に東北電力からグリーンシティに通知されたものである。固定価格買取制度を利用するための

「系統連系申込み」を、門前払いする内容だ。

「おかしいんですよ。事前手続の『系統アクセス検討（接続検討）』では、『接続可能』との返答を得ていました。それなのに、一週間後の本申込みの段階で受理を拒否されたのです」。

東北電力は、系統接続に制約が出ている地域を表す「連系制約マッピング」をホームページに公開している。それによると、八戸周辺は制約がかかっている地域が密集していることが分かる。グリーンシティが計画の縮小を迫られた理由は、送電網の容量不足だった。

同じような事例は全国で発生している。

公益財団法人自然エネルギー財団（会長・孫正義ソフトバンク社長）が、国内の太陽光発電事業者252社を対象に実施したアンケートでは、回答した79社のうち20％（15件）が接続を拒否されており、37％（28件）が制限を受けていた。また、事業を断念した理由に「電力会社に系統接続を拒否された」とする回答も25％に上った。

固定価格買取制度は、個人や事業者が発電した再生可能エネルギーを電力会社が一定の価格で買い取るように義務づけているが、例外事項がある。「電気の円滑な供給の確保に支障が生ずる恐れがあるとき」は、買い取りを拒否することができるのだ。制度発足当初から懸念されていた規定だが、案の定、再生可能エネルギーの普及の足かせとなっている。

デンマークの風車を見て

それでも、富岡さんは事業を諦めなかった。「地域を元気にしたい」という長年の願いがあるからだ。

発端は1960年代までさかのぼる。県内の六ヶ所村一帯に、巨大工業団地を誘致する「むつ小川原開発計画」が持ち上がった。しかし、オイルショックの影響などによって計画は頓挫し、代わりにやってきたのが核燃サイクル施設だった。当初、地元では大きな反対運動が起きたが、結局はかなわなかった。その様子をつぶさに見てきた富岡さんは、民話「サルカ

ニ合戦」に例える。

「青森県は、わずかな雇用や収入を見返りに、地元の地域資源を大企業に手渡してしまいました。サルカニ合戦のカニが、おにぎりと引き換えに柿の種をサルに渡し、実った柿もサルに奪われてしまうのと同じです。種は自分たちで育てなければならない。その方法をずっと考えていました」。

転機となったのは2000年代のはじめ、デンマークを旅したときだ。コペンハーゲンの郊外で、勢いよく回る巨大なウインドファーム（風力発電所）を目の当たりにした。

「デンマークでは農家が風車を共同所有して、収入を得る手段になっていると聞いて驚きました。大企業を誘致しなくたって、再生可能エネルギーで仕事が創れるんじゃないかと」。

帰国後、たまたま新聞で見つけた「環境エネルギー政策研究所」（ＩＳＥＰ）の総会に足を運び、同研究所所長の飯田哲也さんや、ＮＰＯ法人北海道グリーンファンド（以下、グリーンファンド）理事長の鈴木亨さんに出会った。その縁で、本州最北端の大間町に、市民風車「まぐるんちゃん」を建設した。

国内の市民風力発電のパイオニア、グリーンファンド

ここで、グリーンファンドの取り組みについてまとめておこう。

グリーンファンドは国内の市民風力発電のパイオニアだ。発足以来、全国に14基の風力発電所を建ててきた。そのうちの1つが、まぐるんちゃんである。グリーンファンドのグループ会社、（株）市民風力発電が風車建設やメンテナンスを担い、同じくグループ会社の（株）自然エネルギー市民ファンドが市民から出資金を募り、まぐるんちゃんの誕生を資金面でサポートした。

鈴木さんは、もともと東京でごく普通の公務員として働いていた。職場で参加した生活クラブ生協の共同購入がきっかけとなり、幼い子どもたちの食について考えるようになった。同生協に転職後、北海道に移籍。原発・

エネルギーに関する組合員活動の事務局を担い、「エネルギーも自分たちで選び、購入できたら」との思いを抱く。

一般に、風力発電所は出力1000キロワットのもので約2億円もの費用がかかる。自分たちだけで発電所を作るのは至難の業だが、「生協のように『欲しい』と思う人たちと共同購入にすれば、なんとかできるんじゃないか」とひらめいた。

北海道に転勤して以降、生協の消費者運動の一環として原発反対運動に加わり、2001年に生協をベースとしたグリーンファンドを立ち上げる。エネルギーの共同購入、すなわち市民出資によって1億4000万円を集め、足りない分はなんとか地元の銀行などから借り入れて、同年、日本で初めての市民風車「はまかぜちゃん」（浜頓別町／出力990キロワット）を実現した。

現在は、トップランナーとしての経験と、汗を流して培ったノウハウを全国に広げている。また、新たな取り組みとして地域の雇用創出にも力を入れている。その一例が、青森市の自動車整備会社だ。もともとトラックやトレーラーなどの整備を主な事業にしていた同社だが、2010年にエネルギー部門を立ち上げ、グリーンファンドにとって2基目の風車「わんず」（青森県鰺ヶ沢町）のメンテナンスを担っている。

不況や若者のクルマ離れで苦難を強いられている自動車産業にとって、風車のメンテナンスは一条の光となる。

鈴木さんは、「まだまだ大きな雇用創出ができるのはこれからです。各地域で地元企業が育っていく仕組みを作りたい」とビジョンを語る。

"風力植民地" 脱却で地域振興を

その思いは、グリーンシティの富岡さんも一緒だ。
「目的は、エネルギーを作ることそのものではありません。地域の人が、地域の資源で仕事をして、地域が自立することがゴールです。エネルギーは手段の一つなのです」。

独立行政法人 新エネルギー・産業技術総合開発機構（NEDO）の

調べによると、青森県は風力発電の導入実績が全国一位である。出力は計30万7093キロワット。2位の北海道とは約2万キロワットの差をつけ、全国（計255万1570キロワット）の1割強を占めている。

　風車の設置数は202基。だが、このうち地元資本による風車は、まぐるんちゃんを含む6基にすぎない。その他は東北電力をはじめ、ユーラスエナジーホールディングスや、エコ・パワー（株）など、県外に本社を置く企業によるものだ。富岡さんは"風力植民地"という言葉で表現する。

　「風車ならいいってわけじゃありません。県外企業の風車が増えれば増えるほど、青森の地域資源で得られる収益は県外に吸い上げられてしまう。事業の重要な部分を担うのは県外から来た人で、ノウハウも蓄積されない。『固定資産税が入るからいい』と言う人もいますが、地元の人が雇用されて県民税、町民税等が入らなければ、持続可能な産業にはなりえません。大企業を排除しようとは思いませんが、あくまで対等なパートナーとして、地元の産業を補う役目であってほしい」。

　もちろん、太陽光発電でも同じだ。階上町のプロジェクトでは、銀行の融資を受けるための特別目的会社、「はしかみ未来エナジーパーク（株）」（以下、未来エナジー）を立ち上げたが、定款に「地域振興」の文字を入れることにこだわった。

　「未来エナジーは、グリーンシティの子会社未来エナジーホールディングス（株）を筆頭株主に、ほか地元企業が協力して作った会社です。本来目的は太陽光発電ですが、『地域産業振興にかかわる地域資源を利用した新商品の開発・企画による地域貢献』も入れました。当初、『地域貢献』とだけ入れていたら、公証人役場の公証人が『株式会社は利益を得ることが目的だから』と難色を示しましたが、交渉の末『商品開発・企画』を加えることで通してもらえました。うちは、ただの電気屋じゃない。地域振興（貢献）が本当の目的です」。

2つの地域振興プロジェクト

　通常、企業による地域振興はCSR（企業の社会的責任）の一環として

行われ、本来目的ではないため税金がかかる。それが、本来目的に「地域振興」を入れると、事業にかかる経費が認められるようになる。未来エナジーは太陽光発電で得られた収益を、地域振興の経費としてあてがうことができるのだ。

　富岡氏は、大きく2つの地域振興プロジェクトを思い描いている。1つは、「おひさまの学校」。階上町の休耕田にラベンダーやひまわりなどを敷き詰め、ポプリなどに加工する。障がい者の雇用や、不登校の子どもの居場所にする考えだ。2つ目は水産加工。ウニ、アワビ、ナマコの"陸上養殖"を検討している。

　「海に面した階上町ではウニがよく捕れますが、6〜8月上旬に季節が限定されています。でも、ウニは海水温とエサさえ気をつければ、陸上でも養殖できることがわかってきました。実現すれば、端境期でもウニを販売し雇用が保たれるようになるはずです」。

プロジェクト・ファイナンスを駆使

　もしかすると、これから地域エネルギーを立ち上げようとしている人たちにとって、株式会社の設立はハードルが高く感じられるかもしれない。あるいは、利益を目的とした組織を作ることに、抵抗を覚える人もいるのではないだろうか。だが、富岡さんの話を聞いていると、株式会社も"使いよう"であることが分る。

　未来エナジーが銀行から億単位の融資を得られたのは「プロジェクト・ファイナンス」という手法による。少し珍しい手法のため、改めて解説しよう。

　銀行が企業に融資する際、通常は「コーポレート・ファイナンス」という手法を用いる。親会社の信用によって融資し、子会社（事業会社）に万が一の問題が生じても親会社が責任をとる。それが、プロジェクト・ファイナンスでは融資をうける子会社（事業会社）自体の事業性が融資の判断になるので、親会社には責任は及ばない。つまり階上町の太陽光発電事業がうまくいかなくなっても、未来エナジーが差し出すのは資本金1000万円、発電設備一式、電力会社への売電の権利一式にとどまるのである。

一般的に、プロジェクト・ファイナンスは数十億円単位の大型プロジェクトに用いられる手法だが、未来エナジーの場合、富岡さんとパートナーの責任者が保証人になることで話がついた。完全な「プロジェクト・ファイナンスノンリコース」ではない「プロジェクト・ファイナンスリミティドリコース」という手法ではあるが、14億円の融資を決定したということは極めて画期的である。
　「こうした融資は難しいんじゃないかな、と思いながらも銀行と交渉しました。でも、話し合いのなか、銀行の担当者と事業の価値を分かち合うことができた。なんとか前向きに検討して欲しいと頼んだら、『前向きじゃないですよ。前のめりです！』と向こうも乗り気になってくれてね」。

　結果的に、東北電力の接続拒否によって事業規模は縮小し、融資もいったん白紙に戻ったが、富岡さんはひるまない。
　「小さくても器量よし。そんな、めんこい（かわいい）ソーラーを目指します。東北電力といがみ合っている時間があったら、とにかくスタートしたほうがいいじゃないですか」。
　まずは実績を積み重ねる。自分たちで電気を作れるということを示すことができればそのうちに賛同する若者もあらわれるかもしれない。地域の自立は、そうした流れのすえにたどり着くゴールなのだろう。
　＊記事の内容は2013年6月取材時点のもの。

（越膳綾子）

第1部 各地の地域エネルギー先進事例❿ 京都府・京丹後市

京丹後市・市民太陽光発電所
市は環境整備、主役は市民と地域固有の資源

エネルギーを育む京丹後市の自然（京丹後市提供）

京都府京丹後市は、日本海に面した丹後半島の6町が合併して2004年に発足した人口約6万人の自治体である。合併前からの原子力発電所の建設計画を撤回させた経緯を持つ同市が、地域活性化の材料として着目したのが再生可能エネルギーの事業化だった。不利な気象条件や採算への不安を克服して民間の参画を促していくために、まずは行政主導でテイクオフする手法を取ることにした。

2013年度中の稼働を目指す「市民太陽光発電所」

　2013年7月19日、京丹後市議会の臨時会。「市民太陽光発電所」の開設に向け、特別会計を設置する条例改正と特別会計予算の議案が可決された。7月2日には、木質バイオマスの利用促進策を盛り込んだ補正予算案も可決されており、同市の再生可能エネルギー施策がいよいよ具体化することになった。

　太陽光発電所は、市内2カ所。丹後織物工業組合の所有地を無償で借り、約6200平方メートルの土地には294キロワットの、約1万2700平方メートルの土地には638キロワットの施設を、それぞれ造る。事業費の計3億8100万円は市債で賄い、2013年度中の稼働を目指す。

　発電量の見込みは、2カ所で年間93万6000キロワット時。一般家庭260世帯分の電力使用量に相当し、二酸化炭素（CO_2）削減量は421トンになるという。全量を関西電力に売電し、年間3540万円の収入を見込んでいる。

　木質バイオマスでは、木質チップを製造するための「川中」だけでなく、安定した利用先を確保するための「川下」、さらに原料（木材）の供給をスムーズにするための「川上」の3つの領域それぞれで、事業を計画した。三者を一体整備することで、エネルギーの地産地消や地域経済の循環といった効果が高まるとみている。

　ともに、市が中心になって枠組みを構築した。

　環境バイオマス推進課の宇野浩嗣さんは「事業化の主体はあくまで市民、というスタンスは変わりません。再生可能エネルギーの普及、収益の地域への還流、地場産業の活性化といった大きな目的に向かって、行政がきっかけをつくろうということです。今後、事業収益とさまざまな取り組みの中で、すそ野を企業や市民に広げていきます」と話す。

目標は、市民共参型の再生可能エネルギー

「再生可能エネルギー」という言葉が京丹後市の行政に登場してから、1年余しか経っていない。中山泰市長が2012年4月の市長選挙で公約に掲げたのが端緒だった。それまでは「新エネルギー」を使っていた。

市内では2005年に新エネルギー・産業技術総合開発機構（ＮＥＤＯ）の委託研究事業として、食品廃棄物や家庭の生ごみによるバイオガス発電施設が稼働し、2009年からは市に譲渡されて「エコエネルギーセンター」となっている。発電の際に発生するメタン発酵液肥を使ってブランド農産物を栽培する方式を通じて、市は環境循環型のまちづくりを進めてきた。しかし、普及啓発や環境学習の場として有効活用されているものの、事業で採算を得るまでには至っていない。

再生可能エネルギーへの市の取り組みは、2012年夏から本格始動する。事業化を検討するため環境省などの補助事業に応募したものの採択に至らず、独自に進めることにした。目標は、市民出資型の太陽光発電。「イメージとして、よそにあるから、というくらいの感覚でした」と宇野さんは振り返る。

9月に市民を対象にしたシンポジウムを開く。ＮＰＯ法人・環境エネルギー政策研究所（ＩＳＥＰ）の飯田哲也所長を招き、地元企業、環境団体の代表者と中山市長がパネリストを務めた。その後、「再生可能エネルギーの地域展開」をテーマに、ＩＳＥＰの講師によるセミナーを4コマ。30人ほどが参加した。

「この段階では、海のものとも山のものとも……というのが市民の率直な印象だったと思います。固定価格買取制度といったキーワードは耳にしていても、どんなものか具体的にイメージを描きにくかったようです。ましてや、今は消費者の自分が担い手になって、などとは考えていなかったでしょう」（宇野さん）。

こうした反応に加え、日本海に面して雨や雪が多いため日射量が国内平均より1割ほど少ない地理的な条件を勘案すると、太陽光発電が事業とし

京丹後市役所の峰山庁舎。ソーラーパネルを設置している（京丹後市提供）

て成立するのか不透明なことがわかってきた。いきなり出資を募って事業会社を立ち上げるのは無理がある、と判断。具体的な発電所の候補地を決めたうえで、事業化を前提とした資金の還流スキームをつくることにした。

　前任が商工担当だった宇野さんは、「丹後ちりめん」で知られる丹後織物工業組合に遊休地があることを思い出し、組合に事業への参加を持ちかける。遊休地の固定資産税を払うだけの状態だった組合も、これに応じた。

　売電収入を産業振興予算として産地に還元したり、再生可能エネルギーの活用を製品の高付加価値化につなげたりして、絹織物産業の再生を目指す構想を立てた。太陽光とともに、伝統的な地場産業を地域の「資源」ととらえて、事業の中心になってもらおうとしたわけだ。資源エネルギー庁と総務省による2012年度の「再生可能エネルギー発電事業を通じた地域活性化モデル開発支援調査事業」に採択され、450万円の調査費が

ついた。

市直営のメリット生かす

　実行可能性や採算性を調べるフィージビリティ・スタディでは、金融機関のヒアリングや織物工業組合員へのアンケート、日射量、設備利用率などの調査をもとに、事業のシミュレーションをした。ところが、その結果、合同事業会社での事業化は難しい、と出る。大きな理由は資金面の課題だった。

　7割を融資、3割を出資で賄うことを想定していたが、新たに設立する事業会社に担保がないため、金融機関から市の債務保証を条件として逆提案されるなどハードルが上がった。出資で3割を集めることについても、市民と織物工業組合員を対象にした2つのアンケートで「関心はあるけれど、出資には興味がない」という回答が多く、見通しが立たなかった。

　そこで市は方針を変え、予定地はそのままに自ら太陽光発電所を造り、運営することにした。臨機応変な対応が、京丹後市の持ち味と言えるかもしれない。

　地方債を活用して長期で資金を調達できるうえ、公共事業であることから固定資産税がかからないこと、さらに、早く始めないと固定買取価格が下がる可能性が高いことを、主な理由に挙げている。

　市の直営なら、稼働率や日射量、融資の利子、工事費、維持管理費をいずれも厳しく見積もっても、市債の償還が終わる20年後には計6000万円の黒字が出るという。収益を基金に積んで環境対策、環境教育や普及啓発に充てれば、発電の成果を市民に還元したり人材を育成したりすることにもつながると考えた。

　宇野さんはこう説明する。

　「逆に、1社の信用力や資本力、やり方を工夫する知恵と動機があれば事業化できるということと、目的次第でそこに価値は生まれることを、市が責任をもって実証したいと思っています。再生可能エネルギーの事業を広げていくための〈マザーマシン〉との位置づけです」。

木質バイオマスで地場産業を活性化

　木質バイオマスの利用促進も、市によるきっかけづくりの一環である。最初は発電と熱利用をセットにして検討していたが、発電は採算が合わないことから、燃料化に絞ることにした。
　事業の中核となる「川中」では、丹後地区森林組合が中心になって設立した新会社が市立小学校跡地のグラウンドを賃借し、木質チップの加工施設を整備する。2014年度から操業を始め、間伐材や廃材から年間5000トンの生産を見込んでいる。この事業に対して、国の補助とあわせて1億7800万円を補助する。事業費の2億2250万円に対する負担割合は、国が5割、市が3割だ。
　「川下」では、木質バイオマスが安定して利用されるように、市営温泉施設のボイラーを灯油利用から木質チップ対応に換える。今年度は1億3500万円で1カ所を予定。財源は5割を市債などで賄い、5割が国の補助だ。2014年度、2015年度と、さらに1カ所ずつで設備を入れ換える。燃料代は灯油より割安になるといい、3カ所で年間1400万円の経費削減（灯油1リットル100円で計算）になるとみている。
　そして、ポイントは「川上」の事業を噛みあわせたこと。間伐や作業道開設への補助を充実させるほか、森林整備計画の作成を支援するため、計約1200万円を計上した。木質チップを計画通りに製造するには、120ヘクタール分の間伐が必要になるからだ。
　「木を切っても売るところがないから切らず、山が荒れていくという悪循環でした。市の面積の約7割が森林ですから、今回の事業がうまくいけば災害の危険を減らして市民の安全を守ることになります。市内の専業の林業従事者は50人で20年前の3分の1に減っており、雇用拡大にもつなげたい」。
　市の担当者の野村隆文さんは、事業の狙いを語る。特に「川下」では、市民参加による再生可能エネルギー活用になることも意識している。
　もちろん、行政がお膳立てして終わりではない。事業として成り立たせ

るために、木質チップの販路拡大は新会社の重要な仕事になる。売り込み先として、全国各地の製紙会社や木質バイオマス発電所などを想定。順調に進めば、地域資源の木材による利益が森林組合をはじめとする地元に還流し、地場産業の活性化に生かされることになる。

再生可能エネルギー導入促進会議の設置

　太陽光発電の実行可能性や採算性の調査と並行して、市は2012年12月に「再生可能エネルギー事業化検討委員会」を設けた。監査法人や環境系シンクタンク、ＩＳＥＰのほか、地元金融機関、商工会、環境団体、工業組合、森林組合などがメンバー。市として再生可能エネルギーをどう活用していくか、その枠組みや関与の方法について政策的、大局的に整理するのが目的だった。

　翌3月に「再生可能エネルギー導入の促進に関する基本的な方針」がまとまった。大きな柱が「再生可能エネルギー導入促進会議」の設置だ。検討委に参加した専門家をメンバーとして4月に発足した。

　促進会議の特徴は、4つの機能にある。

　その一つが「事業オーソライズ機能」。企業や市民から再生可能エネルギー事業化の提案を募り、妥当性や公益性の観点から審査する。同意の結論が出されれば、市は必要な支援を検討する。市のお墨付きを、融資を受ける際に事実上の「信用保証」とする狙いもある。

　また、「ハンズオン機能」として、事業者のもとにメンバーの専門家を派遣し、資金調達や環境への適応などについてアドバイスする仕組みも盛り込んだ。

市民や企業からアイデアを募集

　いろいろな角度から再生可能エネルギーの事業化を模索したいと、市は市民や企業・団体、地域などからアイデアの募集も始めた。①発電の収益が公益的に地域や産業に還元される事業、②発電設備の整備によって

産業利用、災害、防犯の対策が図られる事業、③再生可能エネルギー事業の普及のために必要な設備類の試作・開発、など地域活性化のモデルになることが条件で、促進会議で審査する。

いずれも企業や市民に広く参加してもらうための仕掛けである。

「基本方針」は、市が再生可能エネルギーを推進するためのフィールド（環境）を整備し、市民や事業者、関係機関がプレーヤーになる、と役割を謳っている。宇野さんが改めて強調する。

「滑り出しは行政主導になりましたが、あくまで市は事業の中心にはならない、というのが基本姿勢です。事業ごとに、不特定多数の受益者がいれば公益性があるととらえて、ハンズオン機能のような形で側面支援をしていきます。今回の太陽光発電所や木質チップ加工場の設置自体が目的化してしまわないように、いかに市民に意識を広げていくかが課題です」。

京丹後市の取り組みは、これからが本番である。

（小石勝朗）

第2部

地域経済の自立をめざす地域エネルギーづくり
エネルギー転換の最前線から学ぶ

◎対談

上原公子
脱原発をめざす首長会議事務局長

寺西俊一
一橋大学大学院経済学研究科教授

福島原発事故の大きな衝撃を受け止めて、いま、私たちは、原発に代わる新しいエネルギー転換に向けた取組みを市民サイドから具体的に推し進めていく必要があります。全国各地ではじまっている地域エネルギーによる発電所づくり、ドイツの市民発電所の取組みに注目し、地域経済の自立をめざす地域エネルギーづくりの課題を明らかにします。

上原公子（うえはら・ひろこ）
脱原発をめざす首長会議事務局長。東京・生活者ネットワーク代表や国立市議をへて、1999年より2期8年間、国立市長（東京都初の女性市長）を務める。

寺西俊一（てらにし・しゅんいち）
一橋大学大学院経済学研究科教授。日本環境会議事務局長、環境経済・政策学会副会長。主な著作に、『地球環境問題の政治経済学』（東洋経済新報社）、『ドイツに学ぶ　地域からのエネルギー転換――再生可能エネルギーと地域の自立』（共著、家の光協会）などがある。

1　「3・11」後のエネルギー政策の変化

上原　チェルノブイリ原発事故（1986年）のとき、脱原発の大きなうねりが市民の中からおこりましたが、一挙に再生可能エネルギーへ転換することにはなりませんでした。しかし、今度の「3・11」の悲劇的な原発事故を日本人が目の当たりにして、今回は政府が脱原発へ決断するだろうと期待していましたが、エネルギー政策の構造が本当に変わりつつあるかどうか。はじめに、その点を伺いたいと思います。

寺西　福島第一原発事故は日本社会に大きな衝撃を与えました。原発を基軸にした従来からの日本のエネルギー政策の在り方を根底から問い直さなくてはならなくなりました。このことは、保守であろうと革新であろうと、避けられない、全国民的な課題になっています。

　前の民主党政権は、2030年に目標を置き、「原発ゼロオプション」と、「15％依存」、「25％〜30％依存」という３つの選択肢で、国民の意見を全国8カ所で聴取するという試みを行いました。

　かつて、エネルギー政策の在り方について、こういう国民的討議をやったことはありませんでした。電力政策、エネルギー政策は、政府にお任せで、経済産業省や資源エネルギー庁が担当する国家政策であると、当然のように考えられてきました。民主党政権のときに、エネルギー選択をめぐって国民的討議の場を設けたこと自体は特筆すべきことです。しかし、残念ながら、それが非常に中途半端な形式だけの意見聴取で終わりました。

　とはいえ、ツイッターやその他のインターネットでの意見も含めて、国民の８割以上が、もう原発をなくしたいという意向を示しました。これを受けて、昨年（2012年）９月14日、野田政権のもとで、「エネルギー・環境会議」が、「2030年代には原発稼働ゼロを可能とするよう、あらゆる政策資源を投入する」という、玉虫

色とはいえ、一応、脱原発の基本政策を示したことは評価できます。

　ところが、このような民主党政権時代の脱原発への方針は、2012年12月の衆議院総選挙の結果と安倍第二次政権の登場によって、揺り戻しの方向に政治的なかじが切られてしまっているのが現状です。

　他方、日本とは逆に、ドイツでは、「３・11」の福島原発事故の衝撃を受けて、それまで原発の維持・推進派だったメルケル政権が「安全なエネルギー供給のための倫理委員会」を立ち上げ、その報告書を尊重して、2011年６月のドイツ連邦議会で、2022年末までの僅か10年というスパンで原発から完全に離脱する方針を明快な形で打ち出しました。ドイツでは、どうしてこのような政治的決断ができたのか、私は、その実情を詳しく知りたいと思い、2012年の11月にドイツに調査に行きました（その成果は、寺西俊一ほか編著『ドイツに学ぶ　地域からのエネルギー転換』〔家の光協会、2013年〕にまとめられている）。詳しくはあとで触れます。

上原　　私も今年（2013年）の３月にドイツに行って、７カ所で講演してきましたが、必ず聞かれたのは、あんなに悲惨な目に遭い、しかも世界中に迷惑を掛けた日本人が反省することなく、なぜ安倍政権を選んだのか全く理解できないということでした。

　まさに、メルケルが脱原発へ動かざるを得なくなったのは、原発推進派が選挙で大きく負けたという、日本とは逆のパターンが出たからです。その原因は、ドイツの場合は、一つにはチェルノブイリ事故の恐怖がいまだに消えていないということです。ドイツ人は森を大事にしますが、いまだに森から高レベルの放射能被曝した動物が発見されます。その恐怖が消えていない中で、技術的には安全だと評判の高い日本の原発があれだけの大事故を起こしたことが、決定的だったという話を散々言われました。

　「3・11」後の国民の動きを見ると、復興支援をしなければという気持ちはわっと盛り上がりましたが、冷めるのも早いです。「対岸の火事」という受け止め方をしてきたという気がします。

寺西　　原発事故の大きな衝撃を受け止めて、国民的なエネルギー選択をめぐる議論をもう一度きちんと軌道に乗せられるかどうかが、いま重要な課題になっています。また、これからは、菅政権のときに成立した「再エネ特措法」（「電気事業者による再生可能エネルギー電気の調達に関する特別措置法」）による再生可能エネルギー買取制度を手掛かりにして、それぞれの地域から、原発に代わる新しいエネルギー転換に向けた取組みを市民サイドから具体的に推し進めていく必要があります。

上原　　日本では、チェルノブイリ原発事故のとき、ドイツのように地域住民が立ち上がって、エネルギーを再生可能エネルギーに切り替えようという動きまでいきませんでしたが、今回は、政府がどうあろうと、エネルギー転換しなければもうやっていけないという現状を地域からつくるしかないと思います。この買取制度で、再生可能エネルギーへの転換が徐々に進みつつあると思います。

寺西　　現状では、日本のエネルギー消費の全体の中で、再生可能エネルギーのシェアは、水力まで入れても８％にいくかいかないかです。大型ダムによる水力発電を除いたら１％にも満たない状況なので、率直に言って、日本では、再生可能エネルギーへの転換は、まだ、本当に僅かな曙光でしかありません。

　　しかし、この日本でも買取制度ができて、この間に大手企業が続々と新規参入してきています。この制度がスタートしてから、すでに700万キロワット以上の再生可能エネルギー電気の新規設備が認可されています。ただし、この９割以上はいわゆるソーラー発電です。しかも、その大半が１千キロワット以上のメガソーラー発電です。いま、これを推進しているのは、ほとんど大手の企業です。遊休地などを抱えた自治体が大手の企業に進出してもらって、大規模なメガソーラー発電が展開されるというかたちになっています。これでは、従来までの外来型の電源開発と同じ構

図です。原発を持ってくるか、火力発電を持ってくるか、メガソーラーを持ってくるかの違いにすぎません。日本のエネルギー政策の基本は、この制度ができても本質的には何も変わっていないのではないか、というのが私の印象です。

　残念ながら、各地で地域が主体となったエネルギー転換が進んでいるドイツと比較すると、この点での日本の立ち遅れは覆いがたいですね。日本は、いきなりドイツのレベルにまで一気に追いつくことは難しいと思いますが、どのようにして、そのスタートを切ることができるかがいま問われていると思います。下手をすると、また何十年も前へ進まないまま、むしろ原発に逆戻りしていく方向に持っていかれるという恐れがあります。いま、その重要な分かれ目にあると思いますが、どちらかというと、私には危惧のほうが大きいですね。

上原　　日本人は経済に弱いというのは、2012年の衆議院選でもとてもよくわかりました。原発もそうでしたが、自治体は補助金に依存しがちです。私も自治体を経営してきた関係上、地域の経済力をどうつけるかを常に考えてきました。日本では、地域の経済力は高齢社会に向かって、これからどんどん落ちていきます。その中で、経済的に自立した地域をどうつくるかというのは、自治体経営にとって大きなテーマです。そこに降ってきたのがエネルギー問題で、これを地域経済とどう絡ませていくかという問題になってきたと私は思います。

　その点では、補助金依存型はもうだめです。政治家は、大手企業の誘致ということをすぐ言いますが、大企業は事があるとすぐいなくなるから、出て行ってしまうと空っぽになって荒れ地しか残りません。そういう経験を学びとして、どういうふうに地域が自立できるかが課題です。

2　地域エネルギーづくりの各地域の取組み

寺西　　もちろん、暗いことばかりでなく、明るい兆しも徐々に見えてきています。たとえば、福島県伊達市の霊山町では、自然エネルギー市民の会を立ち上げて、50キロワットぐらいの小規模な市民発電所ですが、市民からの融資を募って立ち上げようとしています。この取組みを、福島県農民運動連合会が母体組織としてサポートしています。売電収入は、福島復興のために寄付するという非常に崇高な理想も掲げています。

　　　　　また、私の研究者仲間の一人である法政大学の舩橋晴俊さんや、何人かの専門家が南相馬市での再生可能エネルギー事業の推進委員会にアドバイザーとして加わって、その準備を支援したりしています。そこでは、地域の金融機関などもファイナンスの面でコミットさせていくような組織づくりが、ようやく始まっています。

　　　　　自分たちの知恵と自分たちの地域の条件をうまく生かして、それぞれが多様な取組みを各地で発展させていけるといいと思います。

上原　　こういう地域エネルギー作りを中心に担う人材をどう作っていくかも重要です。飯田哲也さん（NPO法人環境エネルギー政策研究所）たちが、人材育成も必要だということで、その研修を始めました。私は、地域力は資源という物だけではなくて、人も資源だと思うので、その地域にもともとある、大学の研究所や中小企業も入っていいわけです。そういう人たちが持っているノウハウを利用しながら、地域力を培っていきたいですね。

寺西　　自治体の首長が市民とコラボしながら先行的に取り組んでいる例として有名なのは、長野県飯田市の「おひさま発電所」です。これは、原亮弘さんという人が、必死になって市と交渉して、市の公共施設の保育園にソーラーパネルを附置することからスタートしました。そして、今年（2013年）の３月には再生可能エネルギーに関する自治体条例（「飯田市再生可能エネルギーの導入による持続可能な地域づくりに関する条例」）を制定するまでに発展してい

ます。同じように、2012年9月、滋賀県の湖南市も条例（「湖南市地域自然エネルギー基本条例」〔資料2収録〕）を制定し、再生可能エネルギーをこれからの地域づくりの基本に据えています。そういうモデルが各地で少しずつ立ち上がりつつあることは確かです。

上原　　もう一つの動きとして、エネ経会議（エネルギーから経済を考える経営者ネットワーク）ができています。小田原のかまぼこ製造会社の鈴廣の経営者に、2012年、横浜の脱原発世界会議で会ったときに、彼は、「あんたたちは経営者を呼んでないだろう。どうせ経営者たちは、原発推進に決まっていると思い込んでいるでしょう。でも、とんでもないよ。実は、原発事故のあと、すごく被害を受けたのは経営者たちなんだ。それに気が付いた人たちもたくさんいるんだよ。だから、僕たちは、経営者だってちゃんと考えているよということを言いたくて（エネ経会議を）立ち上げたんだ」と言っていました。

　　　　　各地域に必ずそういう経営者がいます。私は「脱原発をめざす首長会議」の事務局長をやっているので、そういうところへ全面的に応援するという宣伝をしています。それが、まさに地域ミクスです。地域にある力を育てていくことがとても大事です。

3　ドイツに学ぶ地域エネルギーづくり

上原　　もう1点忘れてはいけないことは、エネルギー問題は壮大な町のデザイン作りにかかわることだということです。未来に向けて、子孫にリスクだけを負わせるわけにいかないとすると、私たちは、これからその反省に立って、将来の町をデザインしていく中で、エネルギー問題をどう取り入れていくか、が問われています。

　　　　　ドイツでは、それぞれの地域の実情にあったエネルギーの作り方をしています。市民主体の協同組合で発電所を造ってしまうところまできています。日本ではそういうことが可能か。ドイツに学ぶ点は多いと思います。

寺西　ドイツの取組みにみる特徴は、農民や市民、自治体など、それぞれの地域主体が新しいエネルギー選択の中心的・主体的な担い手になっていることです。それを州政府、連邦政府、EU全体がバックアップするという形になっています。そこには、今後の日本のエネルギー選択のプロセスにおいて学ぶべきことがたくさんあるという思いを強くして、2012年秋のドイツ調査から帰ってきました。

　　　　ドイツでは、日本でいう自然村に近いような、世帯数も200戸とか、大きくても500戸ぐらいの小さなコミュニティの単位で地域の「エネルギー自立」を目指す動きが北から南まで全土的に広がっています。

　　　　たとえば農村部では、畜産業から出てくる家畜のし尿や糞尿などの排泄物と木質チップやトウモロコシなどの「エネルギー作物」のバイオ資源をうまく組み合わせて、地域のエネルギー自給を高めていく取組みが各地で進められています。そして、こうした取組みを後押しているのが、ドイツの再生可能エネルギー買取制度です。ドイツでも、従来からの酪農経営がなかなか経済的に成り立たなくなってきていますが、再生可能エネルギーの買取制度による売電収入が地域経済の循環を支える新たな源泉になっています。

上原　日本はとても狭い国土で、しかも山が迫っていて、水田を中心として農業をずっとやってきました。それは、水循環など自然循環の中で地域農業をうまくこなしながら、環境を整え、長い経験の中からうまく回してきました。だから、水力発電は割とすっと入っていました。ブレーメンに行って小規模水力発電を見たときに、これだったら日本もできると思いました。ダムを造るわけではないので、水をせき止めませんから。また、山がこれほどあるので森林資源を使ってバイオができるし、何といっても地震国だから温泉はどこでも湧くと考えたら、それも利用できます。今ま

での地域にある資源を単に産業化するというやり方ではなく、再生可能エネルギーを地域の特性にあった産業にするためにどうしたらいいか考えれば、たくさん利用できるものは転がっている気がして、私は楽観的です。

　ただ、それを阻害してきたのは、政府の補助金です。「これだったら出すから」「じゃあ、やろうか」ということで、結局、資本力のある人がそこにどっと行ってしまい、せっかくの芽を摘んできました。また、それを誘致しようとする政治の力と、大企業が、地域力をいつもついばんできたような気がします。

　だから、私たちがもし今後考えるとしたら、地域エネルギーは地域の再生のための産業だということです。経済的に少し投資しなければいけませんが、時間がかかってでも、長い将来、それを産業にできるものを作っていくことをみんなで支えなければいけません。

寺西　　ドイツで、再生可能エネルギーを後押しする政策がどう推移してきたかを整理すると、3つのステップを踏んでいます。1986年4月のチェルノブイリ原発事故を受けて大変なことになって、緑の党が政治的に躍進し、1990年12月に「電力供給法」を制定して、これで再生可能エネルギー買取りの義務付けをしました。ただ、2000年に「再生可能エネルギー促進法」が新たに制定されるまでは、買取価格が電力市場で売買されている電力料金に連動していた。そのため、市場での電力料金が下がれば買取価格も下がるという不安定な制度でした。これだと、風力発電の一部は徐々に増えていきましたが、太陽光やその他の再生可能エネルギーは、まだコストが高すぎて、とても採算が取れなかったので、ほとんど伸びませんでした。この状況を大きく打開したのが、2000年の「再生可能エネルギー促進法」で、その後は、買取価格を固定制にし、しかも、20年間の買取りを保証しました。

　また、その2年前に、EU指令に沿って、ドイツでも電力供給が自由化されました。日本の場合は、9電力の地域独占という電力

供給体制をどう変えるか、いまだに議論途上ですが、ドイツでは送配電網も完全に電力会社の所有から切り離して、連邦ネットワーク庁で管理し、そこに、再生可能エネルギーからつくられた電力の優先接続を明確に義務付けました。しかし、いまの日本の買取制度では、この点が非常に不十分なものとなっています。

上原　　私もドイツに行って、何で日本とこんなに町作りの発想が違うのかと思ったら、暮らしを協同してつくるのが当たり前のアパートメント発想がドイツにはもともとありました。日本のように個別で自分たちの家さえ守っていればいいという発想ではありません。

　地域住民が協同でどういうふうに町をつくるか、どうレンガを積み上げていくかを考えます。だから、戦争中に爆撃に遭って破壊された町を、もう1回レンガを積み上げることで見事に再生させています。そういう協同でやる、しかも、教会なども寄付をしながら、自分たちみんなで手を掛けていくという違いが非常に大きいです。

　日本人は、結果的には自分さえよければいいというところがあるから、その意味では、今後の高齢化社会に向けて、政府の福祉国家論ではなかなか成り立っていかない部分を補完するような、「お互いさま」の発想で地域のなかで支え合う構造をどうつくるかは、日本のまったなしの課題です。エネルギー問題もそこにかかわるものです。

寺西　　もう一つ、私が感心したのは、たとえば南ドイツのバーデン・ヴュルテンベルク州のマウエンハイムという農村では、市民が立ちあげた「ソーラー・コンプレックス社」というエネルギー・サービスの専門会社があり、それが農民たちや地域住民とコラボレーションして、知恵を与え、夢も描き、地域の再生可能エネルギー事業をしっかりとサポートしているということです。

　私どもは、本当はそういう役割を果たさなければいけない専門

家の１人かもしれませんが、いまの日本では、そういう専門的なサポートの仕組みや体制が非常に遅れています。この点は、今後の日本で考えていかなければならない一つの課題だと思います。

4　地域エネルギーづくりにおける課題

上原　　　ドイツに学ぶ点はたくさんありますが、日本の問題にもう一度立ち返って考えたいと思います。それぞれの地域で再生可能エネルギーから地域エネルギーをつくるうえで、どんな課題があるでしょうか。

寺西　　　まず、人材の問題があります。各地域で再生可能エネルギーへの転換を進めていくうえでは、ドイツの紹介でも触れたように、全体を引っ張っていく地域リーダーの存在が非常に重要なポイントになります。ドイツでは、それぞれの地域で、必ず１人や２人、全体をコーディネートして引っ張っていく優れたリーダーがいます。このリーダーが説得力のある哲学と行動力を持っています。そこに、ドイツにおける取組みの厚みを感じます。日本でも、今からそういう人材をどう育てていくか、本気になって考えなければいけませんね。

上原　　　そこが一番難しいところです。知恵も持っていて、さらにいろいろなネットワークを持っていて、その人たちを上手にコーディネートする力もあり、先も見ることができるという意味では、懐が非常に深い人材でないとつとまりません。訓練してもなかなかできるものではありませんね。

寺西　　　さらに、再生可能エネルギーへの転換を促進していくための法制度のさらなる充実が必要です。この点では、日本でも曲がりなりにも、ドイツに範をとって、再生可能エネルギーの固定価格買取制度が動き出したことは注目されます。

　　　　　しかし、いまの日本の「再エネ特措法」では、例えば買取価格や調達期間を調達価格等算定委員会の意見を尊重し、経済産業大臣が毎年度ごとに定めることになっていますので、ときの政権にやる気がなくなれば急にしぼんでいきます。この点が危惧されるところです。

上原　　　具体的にはどのような点が問題で改正すべきでしょうか。

寺西　　　私は、各地域での市民主導型や協同組合主導型のものと、大手の企業が新しいビジネスチャンスとして乗り出してきているものとは、この法律の中できちんと差別化し、市民主導型や協同組合主導型のものを優遇すべきではないか、と思います。それによって、市民主導型や協同組合主導型の取組みが安定的に育っていくような法律に改正していくことが必要です。
　　　　　また、ドイツと日本での重要な違いですが、日本の「再エネ特措法」の第4条で規定されている「特定契約」のところで、各電力会社は、「正当な理由がある場合」には「特定契約」を拒否することが可能となっています。同条では、契約の申込みがあったときは、電力会社はこの締結を拒んではならないと規定していますが、「正当な理由がある場合」は拒否してもよい、という逃げ道が作られているのです。実際、この1年ぐらいに申請された70数件のうち、30件ぐらいはこの「特定契約」が結べていないという状況になっていると報じられています。
　　　　　また、例えば、北海道や青森県では風力発電が主力ですが、それによって作られた電力が送電網の容量の限界を理由にして受け入れられないといった事態も起こっています。
　　　　　この点で、私がとくに重要だと思うのは、次の第5条で規定している電気の系統接続の問題です。つまり、送電網にきちんと接続をしてくれなければ、いくら発電しても売電できません。この点も、ドイツと決定的に違っています。日本では、この送電網への優先的な接続義務の規定がありません。また、接続のための費

用は自前持ちになっています。ドイツでは、送電会社に優先的な接続義務を負わせ、また、この接続のための費用も送電会社が負担しなければならないことになっています。さらに、日本では、幾つかの理由を挙げて、この系統接続を拒否してもよいということになっています。こうした点が、日本でのこれからの再生可能エネルギーの推進にとって、大きなネックになってくる恐れがあります。今後、こうした現行の「再エネ特措法」にみる幾つもの不備を改善していく必要があります。

上原　　　地域からの再生可能エネルギーへの転換では、自治体の役割は一層高まってきておりますが、自治体の役割としては情報提供とか、人材を見つけるための場の設定の程度にとどめておいて、あとは宣伝をしてあげればいい。役所自体が「できる範囲は協力します」という腹づもりで、あとは市民に任せてくれると、市民は伸びやかに発想できます。国立市が割とそうでした。あまり手出しをしませんでした。「市民の力でやってみてください」と言ったほうがアイデアもたくさん出るし、市民自身が成長していきます。

　　　だから、自分の手柄にしたい首長たちが頑張り過ぎると、市民がそこに任せてしまうので、その加減を上手にやれるコーディネーターが必要だと思います。そういうときは、よそ者がいいです。昔から改革を進めるには「よそ者、わか者、ばか者」といいますが、狭い地域では人間関係で意外と縛りがあるものです。大胆に発想し、チャレンジするためには、地域のしがらみや、古い慣習などに囚われず客観的に見れる人や、次の時代を担う若者が自分の未来を見通す長い時間の眼を持って協力していくと、地域の力が引き出せると思います。

寺西　　　ドイツも、いろいろなタイプがあります。例えば、自治体の首長がなかなか優れたリーダーで、全体を引っ張って、うまくいっているものと、自治体の行政サイドはもうひとつ及び腰ですが、市民が会社を作って自治体を巻き込んでいる例とか、いろいろで

す。おそらく、地域からのエネルギー転換は、それぞれの地域の条件や歴史が違う、担い手の組織やそのリーダーの個性が違うので、いろいろなタイプでの取組みが、全国各地で多様な形で展開されることによってはじめて実現されていくのではないか、と思います。その意味では、どれが優れたモデルでどれがダメというのではなく、それぞれが、自分たちの新たな地域づくりの一環のなかに、再生可能エネルギーの活用を「てこ」としてうまく組み込んでいく、そういう多様な地域再生の取組みとして各地で広がっていくことが期待されていると思います。

上原　　そうですね。単にエネルギー転換ではなく、地域再生がポイントです。

寺西　　そのためには、全国的にはそういう多様な取組みの情報が共有できるようにする仕掛けがぜひ必要です。各地のいい経験がすぐにちゃんと伝わっていくことを手助けするのも、例えば、「脱原発をめざす首長会議」の役割の一つではないか、と思います。

上原　　その首長会議では、「情報は、みんなにどんどん提供しましょう。情報をください」と言っています。「モデルでやりたい」と手を挙げてもらえば、それはそれでいろいろな人たちがサポートして、いいケースができれば、「うちも、うちも」と多分なると思います。
　　　　首長会議とは別に、自治体議員政策情報センターと福島原発震災情報連絡センターという地方議員のネットワークがあります。そこの議員もいろいろと情報を集め、首長に提案する、それを市民のグループが参考にする、今はいろいろな試みが出てきています。地域でそれを一つに丸めていく人たちが必要だと思います。

寺西　　この間、太陽光ばかりが「再エネバブル」のようになり、しかもメガソーラー・バブルみたいになっており、逆に風力はいくつかの壁に突き当たっているといった状況になっていますが、私は、

日本全体の再生可能エネルギー資源のポテンシャルから言えば、小水力やバイオマスがもっと注目されてもよいのではないか、と思います。ドイツでも、バイオは発電だけに特化したら採算が採れませんので、必ず熱電併給で、熱エネルギーとして利用することを組み合わせて、活用が進んでいます。ただし、この点では、地域によってバイオ資源がどのくらい安定的に確保できるかという難題もあります。

　日本はたくさん森林資源を抱えていて、いま荒廃が進んでいる森林の再生という課題とうまく組み合わせた取組みが必要です。これまでの独立行政法人新エネルギー・産業技術総合開発機構（NEDO）による補助金型のバイオ発電施設は多くが失敗していますので、その教訓も踏まえて、今後、どのようにして新たな取組みモデルを作っていくか、非常に重要になっていると思います。

上原　　日本では、予算がらみの話になると単体で考えますが、一つの事業に終始すると失敗します。だから、いろいろな事業をミックスする必要があります。

　例えば国立市には下水処理場がありますが、そこには脱水汚泥を燃やしている焼却場があります。「それを使って地域エネルギーにしよう」と言っていましたが、今までの行政の発想は、それで沸かしたお湯を近隣のお年寄りのためのお風呂に使う福祉施設を造ります。その発想しかありません。そうではなくて、「せっかく発電所があるのだから、地域エネルギーにすればいいじゃない」と何度も言いました。でも、発想が補助金の縦割りなので全然だめでした。このように行政は単体でしかものごとを考えられません。

　その場合、協同という力なくしては、依存型に変わってしまうので、自分たちで、町の力できちんと未来に投資をするというふうにしないと、倫理も含めて発想を全部変えていかなければいけないと思っています。2012年5月に出された、ドイツの倫理委員会の勧告書では、将来のエネルギーの倫理的評価のキーワードは、「持続可能性」と「責任」でした。これは、今後私たちも未来まで見

越したまちづくりの基本にしなければならないことです。

　経済的にもこちらが将来的にはうまくいきますという実例を示すことです。ドイツのノルトライン＝ヴェストファーレン州元環境大臣で現在緑の党連邦議会議員のベアベル・ヘーンさんが来て風力発電の話をしたときに、農地だって風力発電を有償で借り上げて、農業は続けられるから、「作物」プラス「風力発電」という二つの経済が生み出せるし、そこのメンテナンスをやる仕事も地域で職業として出てくるから、経済的に絶対にいいと、非常に強調しました。経済的にこちらのほうがいいという提案を、どうやって今後日本でもつくるかが課題です。

寺西　　ドイツでは、自分たちの地域コミュニティのなかで、どのようなエネルギーをこれまでどのくらい使っているかという定量的なデータを持ち、戦略的にそれをどのように転換させていくかというプランニングがしっかりしています。その際、非常に重要なのは、例えば、これまで「100」のエネルギーを使っていて、そのほとんどを化石燃料や原子力に依存していたとすれば、このうちの何割を再生可能エネルギーに転換しようという計画の前提として、本当に「100」のエネルギー消費が必要なのかどうか、まず、この点検を行うことです。こうした自己点検を通じて、まず、徹底的に省エネ・効エネ化をめざしています。仮に、本当に必要なエネルギーのレベルが、実は「70」で済むとすれば、この「70」をできる限り再生可能エネルギーに転換させていく、そういう「地域エネルギー計画」をそれぞれのところで検討していくことが必要です。

上原　　江戸の町は環境的に世界で一番美しいと言われていました。それは、汚物を大事にし、リサイクルで必ず農地に戻しました。農家はそれを肥料にできるから農作物でまた返します。要するに、お互いに補完しながら絶対に無駄をしないという発想です。もともと日本人は非常に巧みだったのですが、それを今では忘れています。

寺西　地域的な資源循環の新しいデザインを考えて、それで地域が回り、経済的にも成り立っていく、そういう意味での新しい社会実験に取り組まなければいけない時代に入っているということですね。

上原　私はちょうどブレーメンにいたときに、サッカースタジアムの壁面にソーラーパネルが全面に張ってあり、「発電所」と書いてあるのを見ましたし、デュッセルドルフ駅近くのビルも壁面がパネルで覆われていました。だから、ある程度の面積を持つものは、自家発電の義務化のようなものをやらないと、おそらく日本は自発的にはやりません。

寺西　東京のような大都会では、膨大な都市エネルギー消費の末端で個別に省エネ機器を少し入れるぐらいでは手詰まり状態です。しかし、建築全体としての省エネ化の余地はまだまだ残っています。私が10数年前にフライブルクに行ったときに、「パッシブ・ハウス」というのを視察する機会がありました。その住宅で消費するエネルギーの5割〜7割を太陽光発電などで自給できるという省エネ型住宅で、当時としては最先端のものでした。それから10数年経っていますが、2012年秋に視察したのは、「プラスエネルギー・ハウス」です。つまり、これは、その建物で使うエネルギーより、その建物でつくりだすエネルギーの方が多いという建物です。太陽光や太陽熱を最大限に利用し、また、断熱効果等を極限にまで高めた設計や建築技術、新しい建築素材などを駆使した最先端の省エネ建築物です。この住宅版とオフィス版のモデルハウスを視察して、非常に感心しました。

上原　フライブルクは、いろいろな面で、最先端でいろいろやっていますね。

寺西　　日本では、産業界を中心に「乾いた雑巾はこれ以上絞れない」と言って、1980年代後半以降、ずっと省エネ化への努力をサボってきたきらいがありますが、今後、日本でも省エネ化への取組みに、もっと本気になって進めていく必要があります。

上原　　節電の方が、私たちが払う電気料金も節約できます。買取制度で電力料金が少々上がっても使わない分ととんとんになります。いろいろな節電の方法があります。例えば蛍光灯が２本、３本入っているところを１本はずして、裏に反射板を付けるだけで、１本はずしても同じぐらいの明るさになるとかいろいろな工夫があります。そのぐらいみんなで知恵を絞れば、電気代は少なくて済むし気持ちはいいし、絶対にいいです。そこに新しい産業がまた生まれます。ドイツがいつも見本になるのですが、温暖化防止のときに屋上緑化とか、緑化作戦を山ほどやってきました。

5　エネルギー政策を考える原点

上原　　「3・11」前は、オール電化住宅のコマーシャルがばっと出て、いかに私たちが電気を使う暮らしをあおられていたかがよくわかりました。私は、計画停電は非常にいい経験だったと思います。日本は電気を使い過ぎているから、電気をそれほど使わなくても平気で、暗くても全く平気だったことも経験できました。

　　　　今後、エネルギー問題は、電気を使わない節電の暮らし方と、電気だけではない、いろいろなエネルギーをミックスさせ、電気を起こすことだけでものを考えない。私たちも、生活を切り替えながら、制度の不備も政治的に解消する市民力を持ち、地域で実験をやっていく。そのほうが、自分たちのいい町を子どもたちに受け渡せるという誇りを持てます。

　　　　いま、地域があまりにも経済的に疲弊しているので、安倍政権のように強く見えるものが出てくると、わかっているのに愚かしくもまたバブルの時代みたいな話に乗ってしまうおそれがありま

す。そこに乗る政治家と国民がいるので、こちらのほうが今後は絶対にいいというモデルをできるだけ早くつくる必要があります。

寺西　　私たちは自分たちの世代だけの利便性を追求し、原発からの放射性廃棄物のような大きなツケを将来世代に残していいのか、これは、将来世代と現在世代の公平性をめぐる問題でもあります。私たちの世代は、将来世代のために地域の自然環境など、安全で豊かな暮らしができる資産を残すという選択をしなければなりませんね。

上原　　そう思います。事故というリスクを、将来にではなく、むしろ動き続けること自体がリスクをどんどん拡大させています。廃棄物をどうするのかもいまだに確立した技術もありません。そういうところに私たちが立って、今後責任を持って選択をできるかが、私たち一人一人に問われています。

寺西　　福島でのあれだけの原発事故の結果、これまでに住みなれた故郷に戻れない人たちがなお10数万人もいます。この深刻な現実から目をそらさないで、真剣に向き合う必要があります。私たちは、二度と、こういう大惨事が起こらないようにする、そういう選択を考えなければいけないと思います。

　　　　2012年の今頃は、日本国民の7割から8割の人がもう原発はいらないと考えていたはずですし、多分、今でも、大半の人がそう思っているのではないでしょうか。この思いと新たなエネルギー転換への具体的な取組みが連動するように、何か大きな国民運動をつくっていけないものでしょうか。

上原　　私がいつも持って歩くのは、脱原発を提言したドイツの倫理委員会の提言書と、国会の事故調（東京電力福島原子力発電所事故調査委員会）委員長・黒川清さんの最初の挨拶の言葉です。というのは、みんな、官僚とか企業が悪いと人のせいにしていますが、黒

川さんははっきりとは言っていませんが、日本全体でその態勢を支えてきたという反省に立つべきだと言っていると思います。私たちは加害者でもあるという自覚を、日本人はいつも持ちません。

　これは太平洋戦争のときと全く同じです。戦争は軍人がリードしてやってしまったと思っているかもしれませんが、ちょうちん行列で万歳をやった人たちも同罪だということを、私は今、同じように言わなければいけないと思っています。私は住民投票の運動のときにいろいろなところに話しに行ったときに、「私たちは福島で被害者にもなりましたが、電力を使ってきたということで言えば加害者でもあるから、双方を担っている」という話をすると、「反対運動してきたから、『加害者』と言ってほしくない」と言う人がいました。

　そうではなく、私たちが力不足で止められなかったということが問題で、社会の構造を支えてきた側にずっと潰かってきました。だから、戦争のときと全く同じで、私たちはこれ以上黙していることは原発を支えることになります。ドイツの倫理委員会が言ったように、人間として私たち一人一人の責任で、私たちの子どもや孫に、「原発は使わない」と言わない限り、加害者だということを私は言い続けたいと思っています。だから、一人一人がそれを自覚するためには、手の届くところで地域エネルギーをつくっていくしかありません。

　　　　　　　　　　　　（2013年5月15日、一橋大学にて）

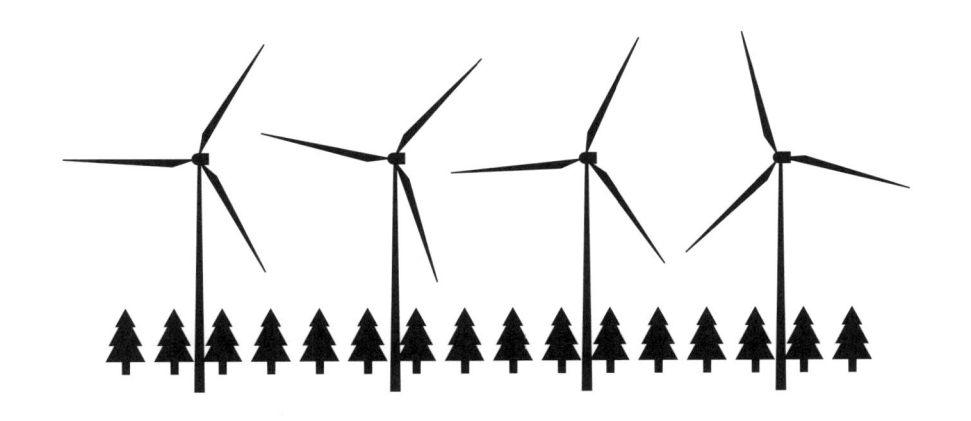

第３部
脱原発首長の挑戦
地域エネルギー政策
への取組み

第3部　脱原発首長の挑戦　地域エネルギー政策への取組み

茨城県・東海村長
村上達也

村上達也（むらかみ・たつや）。1943年東海村生まれ。一橋大社会学部卒。常陽銀行ひたちなか支店長を経て、1997年9月の村長選で初当選し、以来、4期務める。5選には立候補しないことを2013年7月に表明した。「脱原発をめざす首長会議」の世話人の1人。

原発に依存する不幸な社会から脱却するために小規模分散型エネルギー転換へ

原子力発電所が立地しながら首長が「廃炉」を求めている自治体は、全国でもここだけだ。背景には、国や電力業界に対する3・11以前からの根強い不信がある。では、村長は原発なき後の村のビジョンをどう描き、どんな施策を進めてきたのだろうか。引退を表明する2日前に話を聞いた。

地元住民は再稼働反対が多数

　2013年6月、東海第2原子力発電所のフィルター付きベント（排気）や防潮堤の工事を、事業者の日本原子力発電（日本原電）が説明もなく始めたんですよ。地元を無視したやり方に、村として強く抗議しました。しかも、その時は「再稼働が前提ではない」と釈明していたのに、1カ月も経たないうちに社長が「再稼働を目指す」と明言する。周辺の首長も怒り、説明責任を果たすことの要求と併せて共同で抗議しました。

　自民党が政権に復帰して「再稼働ゴー」という雰囲気になっていますね。2013年7月の参院選でも、争点隠しが行われて自民党が大勝したことで、この風潮にますます拍車がかかるのではないかと心配しています。でも、茨城新聞の同年7月の世論調査では、県民の59.5％が東海第2原発の再稼働に反対している。強行しようとすれば、地元の抵抗は増していきますよ。

　そもそも異常な立地なのです。原発から20キロ圏に75万人、30キロ圏には100万人近くが住んでいる。茨城県庁や工業地帯もあるのですから、昼間人口はさらに多い。こういうところに原発があっていいのか、という率直な疑問が湧きます。

　原発で大きな事故が起きれば東海村は間違いなく全村避難を強いられますが、現実問題として3万8000人の村民全員が一度に避難するのは不可能でしょう。それに、事故の損害賠償や除染、原発の解体費用として何十兆円もの費用がかかるのは間違いない。日本原電はもちろん、国にその資力があるとは思えません。

原発をどうするかは住民投票で決めるべき

　東日本大震災の時も危機一髪だったのです。東海第2原発の外部電源が停止する中、原子炉を冷やすための海水ポンプ1台が浸水して止まり、それを動かす非常用ディーゼル発電機1台も動かなくなりました。それぞれ他の2台が無事だったので事なきを得ましたが、津波があと70センチ高ければ

防潮壁を越え、福島第1原発のように全電源喪失に陥っていた可能性があったのです。

村内の核燃料加工施設・JCOで臨界事故が起きたのは、村長になって2年後の1999年9月のことでした。作業をしていた2人が死亡し、被曝者は周辺住民を含む666人にのぼりました。当時、原因は「国策と安全神話と想定外」と言われました。福島第1原発の事故でも、何も変わっていないのですよ。

JCO事故の後に原子力安全・保安院が設置されましたが、規制の体制は貧弱なまま。技術面だけでなく、人や組織、法制度、文化といった社会的な制御体制が必要だったはずなのに、国や電力業界に反省はなく、さらなる「安全神話」づくりに努力しただけでした。その結果が福島の事故だったのです。

「この国には原発を持つ資格も能力もない」と不信感を強くしたのは、国に住民を守る視点が見られなかったからです。福島の事故原因の究明ができず、避難民の救済も進まないまま、2011年6月に海江田万里・経済産業大臣（当時）が原発の「安全宣言」をしたことでいよいよ確信し、私は脱原発を公言するようになりました。以来、はっきりと廃炉を求めています。

東海第2原発をどうすべきか。村議会の意思を確認するだけでなく、最終的には住民投票で決めるべきだと思っています。エネルギー政策の中で、原発だけが「国策」と言われて特別扱いされているのはおかしいですよ。村民の生命にかかわることなのに、放射性廃棄物の問題を含めて村民は危険にさらされているのに、その意向はないがしろにされてきた。再稼働が具体化することがあれば、きっちり取り組んでいきたいですね。

廃炉に向け立地自治体への支援制度を

村が原子力の恩恵を受けてきたのは事実です。1966年に国内最初の商業用原発として東海原発が営業運転を始め（1998年に停止し廃炉）、1978年には東海第2原発が稼働しました。文字通りの「原子力村」でした。

財政は、どっぷり浸かってきました。今でも、東海第2原発の固定資産税

が年間約 10 億円、電源立地交付金が約 5 億円。一般会計が 176 億円ですから、1 割弱を依存しています。さらに、日本原子力研究開発機構（ＪＡＥＡ）などからの税収を合わせると、原子力関連で 50 億円くらいが村に入っています。

村民の生活にも深くかかわってきました。村民の 3 分の 1 が、雇用を含めて何らかの形で原子力の事業所とつながりを持っています。原発の定期検査には村外から 1000 人ほどがやって来て、宿泊施設や飲食店などにお金を落とす。だから「原発が消えたら大変」となってしまうんですよ。

原発に依存してきた結果、他の産業が育ちませんでした。災害時の相互応援協定を結んだ新潟県妙高市は、東海村と人口規模が同じなのに工業製品出荷額は 5 倍です。それでも、うちはまだ条件が良い。村内に研究機関や火力発電所があるし、県庁所在地の水戸市に近くて、日立製作所のような大企業も近隣に立地していますから。しかし、原発に全面的に依存してきた他の自治体が転換して自立するのは難しいでしょう。

原発は国策として進められてきたのだから、その責任として、原発停止〜廃炉に伴う電源立地交付金の代替措置が必要です。かつての炭鉱閉山時の産炭地域振興臨時措置法のように、時限的に新たな交付金や国の支援制度を設ける。地元はこれを使って、将来の自治体財政や雇用、地域振興策について知恵を絞っていく。激変緩和を避けて、軟着陸させなければならないと思います。

経済至上主義からの脱却を

東海村も原発なき後のビジョンづくりを進めてきました。その大きな柱として、2012 年 12 月に「ＴＯＫＡＩ原子力サイエンスタウン構想」をまとめました。

村内には 2008 年に、素粒子・原子核研究、ニュートリノ研究、物質・生命科学研究といった幅広い分野の最先端研究に取り組む「Ｊ−ＰＡＲＣ」（大強度陽子加速器施設）がオープンしました。世界中から研究者や学生が来村し、居住する外国人も多い。こうした高度な施設・人材を中心に据え、さらに、半世紀にわたって日本の原子力を先導しつつ臨界事故や廃炉も経験

した村の蓄積も踏まえて、まちづくりを進めようとするものです。

いわば、地域の「資源」を生かしていこう、という発想ですね。原子力科学の最先端研究や非エネルギー分野の医療・産業への利用、福島の事故収束や廃炉の実証、国際的な人材育成などの拠点を目指します（構想の主な内容は表〔次頁〕を参照）。

研究施設が地元に直接、交付金などをもたらしてくれるわけではありません。でも、その世界的な役割を受けとめ、文化的、社会的な価値を前面に出して、それを支えるまちや産業をつくっていきたい。費用対効果なんていう即効的なものではなく、時間をかけて永続的で遠大な質の高い文化を築いていきたい。

原発からの脱却というのは、経済至上主義からの脱却と同義だと思います。何でもお金に換算するのをやめて、豊かな価値を追求するにはどうすれば良いかを考えるべきです。意識が変わらないと、脱原発は難しい。村民自らがチャレンジしていかなければなりません。「サイエンスタウン構想」は、その第一歩です。

2013年4月には役場に「まちづくり国際化推進課」を新設しました。構想の狙いの一つは国際化ですから、国際的な研究機関を軸に外国人を受け入れられるまちにしたい。教育や文化交流、道路標識、宿泊、飲食店のメニュー・素材の表記など、研究者の援助を受けながら幅広い視点で取り組みを始めました。

地元の再生可能エネルギーを活用する施策を進める

原発依存から脱却するには、地域に根ざした小規模分散型エネルギーへの転換が欠かせません。地元の再生可能エネルギーを活用する施策も進めています。

公共施設で使用する電力量の20％相当分以上を太陽光発電で賄う計画を立てました。役場の駐車場（1.2ヘクタール）を民間に土地貸しし、屋根を造って太陽光パネルを並べる。メガソーラー発電所（1025キロワット）が2014年3月に完成する予定です。コミュニティーセンターには、屋根貸し方

「TOKAI原子力サイエンスタウン構想」の主な内容

●**最先端の原子力科学や原子力基礎・基盤研究と、その産業・医療利用**
・J－PARCや研究炉でのニュートリノ研究や量子ビーム利用
・次世代のがん治療法（ホウ素中性子捕捉療法＝BNCT）研究

●**原子力の安全などの課題解決を先導**
・福島第1原発事故の収束や環境修復への貢献、地域社会（行政）との連携も交えた総合的な取り組みを検討
・原子力規制委員会の支援など、安全性向上への取り組み
・廃炉、放射性廃棄物の処理などの試験研究や実証
・核不拡散、核セキュリティーに貢献する取り組み

●**社会科学・政策科学の知を集約し研究・提言**
・「原子力安全神話」や「原子力ムラ」が生まれた背景の考察
・リスクに関して政策提言することができる場の構築
・利害関係を離れた自由な議論の場、さまざまな価値観や考え方について率直かつ柔軟に議論できる場の構築

●**国際的に活躍できる原子力人材の育成**
・国際原子力機関（IAEA）などと協力し、アジアをはじめ国際的な人材育成ネットワークのハブに
・国や自治体の防災担当職員の育成
・原子力に対する深い思考力、洞察力や謙虚さを有する人材育成、安全文化の醸成

式で50キロワットの太陽光発電設備を設置しています。こちらは公募の結果、村内の業者が共同で興した会社を事業者に選びました。

　すべて売電しますが、非常用電源を確保し、収益が見込みを上回った場合は地域に還元してもらう計画です。対象とする公共施設は、さらに増やしていきます。

　村民が太陽光発電設備を導入する際の補助制度は2001年度に始めてい

て、2013年度は160戸を予定しています。これまでに設置したのは約600戸で、全部で2メガワットを超す発電能力を持つ計算になります。

　地域経済が循環する形で、再生可能エネルギーを普及させていきたいですね。まずは住民が設備を入れる。そのために村が補助を出し、それが地元業者の仕事につながる。売電益の一部を行政が受け取り、それをまた補助に回す。そんな仕組みの研究もしています。

原発に固執し続ければ、国家滅亡を招く

　原発の世界というのは、とても異質なところです。あれだけの事故が起きたのに、再生可能エネルギーへの転換という世界の潮流に乗らず、エネルギー政策は遅れている。原発にしがみついているのは、日本だけですよ。

　「原子力ムラ」と呼ばれる強大な権力集団をつくって、自らの利益や組織を守ることに汲々としている不健全な社会なのです。閉鎖的、排他的、独裁的な姿は、「最大の敵は国民」だった戦前の軍部に匹敵するのだと思います。国威や国益、つまり「国」が中心になり、そこに「民衆」はいませんでした。原発に固執し続ければ、国家の滅亡という同じ結果を招くでしょう。

　これを変えていかなければならないというのが、「脱原発をめざす首長会議」の結成に加わり、世話人に就いた理由です。原発に依存する不幸な社会から脱却するために、これからも力を尽くしていきますよ。

　　　　　　　　　　　　　　　　　　（取材・インタビュー構成／小石勝朗）

第3部 脱原発首長の挑戦　地域エネルギー政策への取組み

青森市長
鹿内 博

鹿内博（しかない・ひろし）。1948年青森市生まれ。青森県立青森高等学校卒業。青森県新生活協議会勤務を経て、1982年から青森市議会議員（3期）。1991年から青森県議会議員（5期）。2009年、青森市長に初当選。現在、2期目を務める。

国策に振り回されない地域づくりが脱原発社会、再生可能エネルギー社会につながる

六ヶ所村の核燃料再処理工場、東通村、大間町の原発、むつ市の使用済み核燃料中間貯蔵施設と、青森県には原子力関連施設が連なる。県庁所在地の青森市長・鹿内博氏は、2012年6月に脱原発首長会議へ加入した。翌年4月、任期満了に伴う青森市長選では、脱原発をマニフェストに掲げて再選。再生可能エネルギーの導入を、力強く後押ししている。

青森市民の安心・安全を守ること

　私のように県庁所在地の市長が脱原発を明言することは、どこか意義深い行動のように思えるかもしれません。しかし、私の仕事はあくまで青森市民の安心・安全を守ることです。福島第一原発は、事故の原因究明も再発防止も十分になされていません。県庁所在地だからという意識ではなく、一自治体の首長として、市民の豊かな暮らしのために、脱原発と再生可能エネルギーの普及に取り組んでいます。

　青森県全体を見渡すと、太平洋側を中心に風況がよく、地域によっては太陽光発電ができるほど日射量が多い。とても自然資源に恵まれた地域です。ただ、青森市に限って見れば、むつ湾の風は穏やかで風力発電は適さず、冬になると雪のためにメガソーラー発電も課題が多くあります。津軽平野が広がるなだらかな地形は水力にも向きません。

　それでも、地元の資源を生かした再生可能エネルギーを実現できないか。目下、試行錯誤を重ねながら探っています。自分たちでエネルギーを作ることは、豊かで持続可能な市民生活につながるからです。

国策依存では、地域は豊かにならない

　青森県は、これまで何十年と国策による大型開発に翻弄されてきました。

　1962（昭和37）年、政府の主導でビート（てん菜）栽培農業振興策が進められ、上北郡六戸町にフジ製糖・青森工場が誘致されました。しかし、砂糖の輸入自由化の影響で採算が悪化し、わずか5年ほどで閉鎖されています。機を前後して、1963年に砂鉄を精錬する国策会社「むつ製鉄」が設立するものの、鉄鋼業界の不況が危ぶまれ、工場の完成を見ることもなく1965年に撤退。1969年には、国が定めた新全国総合開発計画によって、六ヶ所村一帯に日本最大規模の石油コンビナートを誘致する「むつ小川原巨大開発」が持ち上がりましたが、これもオイルショックなどの影響で頓挫しました。

そこに核燃サイクル施設の建設が浮上したのは80年代初頭。地元では猛烈な反対運動があったものの、むつ小川原開発を推進してきた県は受け入れを決めました。以降、後を追うようにして原発や中間貯蔵施設の建設が決まっていきました。
　しかし、核燃サイクルはそれまでの開発とはまったく違う、危険性の高いものです。ひとたび事故が起きた時の甚大な被害は、スリーマイル島、チェルノブイリ、そして今回の福島の事故で十分すぎるくらい証明されています。
　また、原発は建設中は大勢の作業員が県外から来ても、作ったあとは定期点検だけになり、雇用や経済効果は限定的と言わざるを得ません。原子力技術の情報は開示されず、地元の企業と人材が育つことにもつながらない。国策に依存しきっていては、地域が豊かにならないことは明らかで、同じことを繰り返さずに済む工夫をしなくてはなりません。

豊かな自然資源の活用で新たな産業を

　私は、地域の資源を生かしながら、持続可能な産業を作ることを目指しています。青森の豊富な自然資源を守り、うまく活用することで、新たな産業はきっと生まれるはずです。
　過去には、実際にそれができた例がありました。
　青森県と秋田県にまたがる「白神山地」のことです。広大なブナの原生林は世界遺産に認定され、今では東北の名所として全国から観光客が訪れます。でも、最初から世界遺産だったわけではありません。80年代後半は、原生林が大幅に伐採される危機に瀕していました。「青秋林道」といって、30キロメートルにわたって青森県―秋田県間に道路を通す国と県の計画があったのです。
　青森・秋田両県の住民と、自然保護団体から激しい反対運動が起こりました。当時、青森市議会議員だった私も反対運動に参加し、最終的に計画は中止になりました。その後、屋久島とともに日本初の世界遺産に認定され、県内における重要な産業に成長したのです。自然を守ることが地域の振興につながることを証明しています。

大学と連携してバイオマス・温泉熱発電を研究

　再生可能エネルギー政策もまた、同じポテンシャルを秘めています。私は、初当選した2009年度、市民・事業者への再生可能エネルギー導入支援として、太陽光発電システムや木質ペレットストーブなどの設置に補助金を設けました。同時に、公共施設への新エネルギー率先導入として、市施設のLED化や太陽光発電システム導入、コージェネレーションシステムの導入などを後押ししました。

　市内の浪岡交流センター「あぴねす」では、雪国ならではのユニークな試みを始めています。真夏でも雪だるまやかまくらで遊べる雪体験施設や、雪むろ・氷温技術を活用したりんごの低温熟成施設を新設しました。氷温とは食品が凍る直前の温度で、通常よりも鮮度を保つことができます。約60トンの雪を利用して約500箱のりんごの低温熟成を可能にしました。

　また、2012年からは、弘前大学と連携してバイオマスと温泉熱を使った発電を研究開発しています。青森市特有のバイオマスとして、りんごの剪定枝や、ほたての養殖残渣、家畜の糞尿などがあります。それらを資源として活用し、うまく循環できる仕組みを目指しています。温泉熱発電については、八甲田山麓の下湯温泉で実証研究を進めています。市内には、ほかにも浅虫温泉など、いくつもの温泉地がありますから、汎用性の高いプロジェクトです。バイオマスも温泉熱も2014年度までに技術を確立し、以降の実用化を目指す計画で進めています。

　他に、地方自治研究機構との共同研究で、小型風力と小型水力の研究も行っています。個別の住宅や事業所、農業施設などでの導入に向けた手法を調査中で、こちらは単年度の事業で、2013年度のうちに成果をあげることが目標です。

　これらのほとんどが、3・11で思いたったものではありません。もっと前から考えてきた、地域振興政策の1つです。"原発をやめてエネルギー転換さえできれば万事解決"ではなく、どうやったら本当の意味で地域が豊かになるのか。地域振興の面からのエネルギー政策を考えることが大切です。

原子力災害対策計画案で市民の安心・安全を守る

　原発に関しては、それぞれの立地自治体の方針について、青森市長として意見を述べられる立場にはありませんが、防災面での連携を強めることが決まっています。

　2013年2月、青森県は「地域防災計画（原子力編）」を修正し、東通村の原発が事故を起こした場合、むつ市と東通村の住民6万人を青森市へ避難させることを決めました。それに合わせて、青森市として有事の際の連絡系統の確立や、被災者の受け入れ準備、市民の安全対策などを内容とする「原子力災害対策計画案」の骨子を公表しました。2013年度中に計画として策定することにしています。

　原発のある東通村から、青森市内の一番近い浅虫までは55キロメートル。原発に何か起きると青森市はもちろん、県全体にかかわります。本来であれば、青森県内はすべてUPZ（緊急時防護措置準備区域）に指定すべきと、私は考えています。しかし、国がUPZ区域を30キロメートル圏内としたことから青森市は指定されませんでした。原子力災害対策計画の策定は義務づけられていませんが、青森市は独自に策定することにしました。市民の安全・安心を守るためには欠かせないことだからです。

　私がしていることは、地味で目立たないと言われることもあります。でも、地味ながらも続けていくことが重要だと考えています。3・11から2年ちょっとで、官邸前の抗議行動の参加者は以前よりは少なくなりました。脱原発は短期的にできることではなく、国の政策とそれぞれの自治体が長期的に地元の振興に取り組み、その結果として訪れるものだと思います。

　時間がかかってもいい。国策に振り回された悲劇を繰り返さない地域づくりが、脱原発社会であり、再生可能エネルギー社会につながるはずです。

（取材・インタビュー構成／越膳綾子）

第3部　脱原発首長の挑戦　地域エネルギー政策への取組み

宝塚市長
中川智子

中川智子（なかがわ・ともこ）。1947年生まれ。鶴見女子短大卒。地域活動の経験をもとに、「宝塚市学校給食を考える会」を設立。1996年に衆院議員に初当選、2013年4月に再選し、2期（7年）務める。2009年4月の宝塚市長選で初当選、2013年4月に再選し、現在2期目。

安全・安心な地元の資源で「原発に頼らない社会」を未来の子どもたちに残す枠組みづくり

大阪・神戸のベッドタウン、兵庫県宝塚市（人口22万8000人）が、再生可能エネルギー政策に本腰を入れ始めた。福島第1原子力発電所の事故を教訓に、安全・安心なエネルギーを生み出して「脱原発」を推し進めるのが狙いだ。福島のために自分たちができることを考えるきっかけにもしたいという。目標は「宝塚電力」の設立だが、焦らず地道に歩んでいく。

安全・安心な新エネルギーに転換を

「命を守る」が私の政策の原点です。まちづくりの基本です。

2012年5月にエネルギー政策と原発再稼働をめぐって、野田佳彦首相（当時）をはじめ関係大臣に市長として要望をしました。柱の一つが「再生可能エネルギーの導入促進を国策として明確に打ち出すこと」でした。地元の宝塚市では、原子力や化石燃料に依存しないエネルギーの創出を重点テーマに据えています。

なぜ再生可能エネルギーなのか。

地震が頻発する日本にとって原発はあまりに危険であることが、福島の事故ではっきりしました。安全・安心な新エネルギーに転換していく必要があります。スローであっても、地道に足元から再生可能エネルギーのまちをつくっていく。それが何よりの「脱原発のまち宣言」になり、原発に頼らない社会へつながるからです。

宝塚市は2012年4月に「新エネルギー推進課」を新設しました。私たちのまちが、どんな種類の再生可能エネルギーをどういう形で導入・活用できるか、行政と市民、地元企業、専門家の協働で計画を立て、実現していくためです。小さい試みから始まって他の自治体にも広がっていけば、いくら国が原発推進に向かおうとしても空回りしますものね。

市の「場づくり」が奏功

まずは「場づくり・人づくり」に力を入れています。

2011年秋にNPO法人・環境エネルギー政策研究所（ISEP）の飯田哲也所長とお会いした時に言われたんですよ。当時は住宅に太陽光発電設備を設置する際の補助制度を選択肢として考えていたのですが、「補助金は政策ではないですよ」と。そこで提案されたのが「持続可能な方法を築いていくために、場づくりから始めること」でした。

2012年6月に飯田さんと私が公開対談したのを皮切りに、「再生可能エネルギー」に関する市民向けの催しを企画してきました。自然エネルギー

政策や資金調達などをテーマにした3回の連続セミナーと、ワークショップやグループ討論も織り込んだ3回の市民懇談会です。2013年度も、地域エネルギーの先進地である長野県飯田市と高知県梼原町から講師を招いた講演会や映画上映会を開いています。市がＩＳＥＰと調査研究の委託契約を結び、協力してもらっています。

　市民の意識が高いまちだと、改めて感じています。セミナーや懇談会には、いつも50〜60人くらいは集まります。そういう場で市民が「宝塚をこうしたい」と自分にできることを考える。そこで得た知識や情報を、さらに他の市民に伝えていく。それが、福島第1原発の事故を忘れないことにもなると思うんですよ。

　早速、成果が出ています。2012年12月に市内で稼働した「宝塚すみれ発電所」です。

　市民出資による11キロワットの太陽光発電所ですが、事業主体のＮＰＯ法人・新エネルギーをすすめる宝塚の会、用地の地主、ソーラーパネルの業者が市のセミナーで出会ったのがきっかけでした。行政の場づくりのモデルケースになりました。このＮＰＯ法人は発電所の2号機を計画していて、今度は金融機関の融資を希望していますが、市の「後方支援」を事実上の与信につなげたいですね。

再生可能エネルギー推進へ基金創設

　2013年4月の市長選挙で再選を果たせましたので、新機軸を打ち出し始めています。

　一つは「再生可能エネルギー基金」の創設です。再生可能エネルギーの利用や普及促進が目的で、市の姿勢を内外に示す「広告塔」の役割も担っています。2013年度の予算で2520万円を計上しましたが、うち20万円は「再生可能エネルギー推進のために使ってほしい」という寄付です。年度内に3000万円にすることを目標にしています。

　市民や企業からの寄付をさらに募っていくほか、市有施設での太陽光発電による売電益を積み立てます。公共施設への発電設備導入、市民発電所への出資・補助、環境教育などに使っていく計画です。使途のアイデ

アを公募して、市民の関心を喚起したいですね。

　もう一つは、仕組みづくりにつなげるため「再生可能エネルギー推進審議会」を新設しました。市長の附属機関で、市への政策提言をはじめ、実施の優先順位、基金の使い道などへのアドバイスをしてもらいます。「新エネルギービジョン」のような中・長期計画を策定することも大きなテーマです。学識経験者や事業者代表者らをメンバーに、2013年10月ごろに発足する予定です。

「宝塚電力」の設立を目指す

　ベッドタウンの宝塚市では太陽光発電が中心になるでしょう。山の上の地域が多くて、市全体の日射量は比較的豊かなんですよ。

　山沿いには西谷地区という農業や山林中心の地域があって市の面積の3分の2を占めていますから、バイオマス利用の可能性もあります。小さな川や送水施設での小水力発電も模索していきます。自然を生かして電気をおこし売電する「まち発電所」を増やしたい。10年後にはクリーンセンター（ごみ処理施設）が建て替え時期を迎えますので、ごみ発電も検討していきます。

　将来は「宝塚電力」の設立を目指したいですね。地域エネルギー事業会社です。規模が小さくても地域分散型で発電し、事業に投じた資金や配当を地域で循環させることで、経済活性化や雇用に結びつけたい。「安全なエネルギー」も重要なキーワードです。

　民間の事業会社を想定していますが、市債によって市民出資を募るとか、行政の後方支援の方法には知恵を絞っていきます。地元の企業に協力してもらうために、宝塚商工会議所や地域金融機関の池田泉州銀行と連携してセミナーを開いたりもしています。

　でもね、焦らずにやっていこうと思っているんですよ。何より、市民主導であること。地元の資源を使って、身近な暮らしのそばにある無理のない形にすること。未来につなげ、子どもたちに残していくためには、時間がかかっても丁寧に枠組みを整えていく必要がありますから。

原発事故を我がこととしてとらえる

　福島のこれからに向けて私たちが何をできるか、考えていかなければなりません。

　宝塚市は、ボタンの花を通じて福島県須賀川市と古くから交流があります。須賀川は福島第1原発から60キロ離れているのに、農産物が売れなくなり、子どもたちも自由に動けなくなりました。宝塚市は、福井県の高浜原発や大飯原発から約80〜90キロです。常に「他人事ではない」と意識していたい。福島から宝塚に避難してきた方がいて、お話を伺っています。

　残念なことですが、福島の悲惨さは時間が経つともっと出てくるでしょう。故郷を奪われるつらさや子どもたちの被害を理解せずに原発の再稼働や輸出を進めるのはおかしいこと、事故の被害者の人生や健康を傷つけたのは原発依存社会をつくった自分たちのせいでもあることを、私たちが改めて受けとめる。原発事故を我がこととしてとらえ、被害者の悲しみや痛みを自分のものにしていくプロセスが大事です。

　再生可能エネルギーと向き合うことが、市民にとってその起点となるよう願っています。

東北復興へメッセージ発信を

　「脱原発をめざす首長会議」からも、福島をはじめ東北の復興を応援するためにメッセージを発信していきたいですね。地元の首長は国に対してまとまって意見を言えない状態ですから、一緒にアクションを起こす受け皿になりたいと思います。

　全国規模の取り組みと同時に、各地域の首長が結束して動いていくことも不可欠です。たとえば、近畿圏の私たちは関西電力やもんじゅに対してモノを言ってきました。私は、原発の再稼働にあたっては100キロ圏内のすべての自治体に事前説明をして理解を得るよう強く求めてきましたが、大飯原発が再稼働してしまってからは、要望しても「けんもほろろ」の対応です。

小さい自治体一つでは何もできない、力を合わせなければと、いつも痛感しています。声を上げることの重要性は、ますます増していくでしょう。「再稼働ではなく、こういうことができる」と実践する核として、「二度と福島のような事故が起こらない社会にする」とアピールする母体として、首長会議であればこそ有効に行動できることがあるはずです。

（取材・インタビュー構成／小石勝朗）

脱原発をめざす首長会議会員一覧

全国37都道府県85名（元職17名含む）
2013年9月1日現在

○北海道
　上田文雄（札幌市長）
○青森県
　鹿内　博（青森市長）
○秋田県
　門脇光浩（仙北市長）
　髙橋浩人（大潟村長）
○山形県
　阿部　誠（三川町長）
○宮城県
　鹿野文永（元・鹿島台町長）
○新潟県
　笹口孝明（元・巻町長）
○福島県
　伊藤　寛（元・三春町長）
　桜井勝延（南相馬市長、世話人）
　佐藤　力（元・国見町長）
　根本良一（元・矢祭町長）
○栃木県
　入野正明（市貝町長）
　鈴木俊美（栃木市長）
　高久　勝（那須町長）
○群馬県
　関　　清（川場村長）

○茨城県
　阿久津藤男（城里町長）
　島田穣一（小美玉市長）
　高杉　徹（常総市長）
　豊田　稔（北茨城市長）
　中島　栄（美浦村長）
　宮嶋光昭（かすみがうら市長）
　村上達也（東海村長、世話人）
○長野県
　伊藤喜平（下條村長）
　岡庭一雄（阿智村長）
　菊池幸彦（南牧村長）
　清水　澄（原村長）
　曽我逸郎（中川村長）
　田中勝巳（木曽町長）
　吉川　貢（元・高森町長）
○埼玉県
　大澤芳夫（長瀞町長）
　頼高英雄（蕨市長）
　田島公子（元・越生町長）
○東京都
　阿部裕行（多摩市長）
　上原公子（元・国立市長、事務局長）
　保坂展人（世田谷区長）
　邑上守正（武蔵野市長）

矢野　裕（元・狛江市長）
佐藤和雄（元・小金井市長）

〇千葉県
相川堅治（富里市長）
石井俊雄（元・長生村長）
玉川孫一郎（一宮町長）
根本　崇（野田市長）

〇神奈川県
宇賀一章（真鶴町長）
加藤憲一（小田原市長）
松尾　崇（鎌倉市長）

〇静岡県
石井直樹（元・下田市長）
小野登志子（伊豆の国市長）
田村典彦（吉田町長）
三上　元（湖西市長、世話人）

〇岐阜県
堀　孝正（瑞穂市長）
室戸英夫（北方町長）

〇愛知県
河村たかし（名古屋市長）
佐護　彰（元・日進市長）

〇滋賀県
平尾道雄（米原市長）
藤澤直広（日野町長）
村西俊雄（愛荘町長）

〇京都府
中山　泰（京丹後市長）

〇三重県
鈴木健一（伊勢市長）

〇奈良県
山下　真（生駒市長）

〇兵庫県
泉　房穂（明石市長）
酒井隆明（篠山市長）
嶋田正義（福崎町長）
中川智子（宝塚市長）
西村和平（加西市長）
広瀬　栄（養父市長）

〇鳥取県
松本昭夫（北栄町長）
森田増範（大山町長）

〇島根県
矢田辰夫（元・知夫村長）

〇広島県
秋葉忠利（元・広島市長）

〇山口県
井原勝介（元・岩国市長）

〇愛媛県
三好幹二（西予市長）

〇徳島県
笠松和市（元・上勝町長）
河野俊明（石井町長）

〇高知県
高瀬満伸（四万十町長）
西村卓士（土佐町長）

〇福岡県
浦田弘二（福智町長）
加治忠一（香春町長）

○佐賀県
　江里口秀次（小城市長）
○長崎県
　田中隆一（西海市長）
○大分県
　首藤勝次（竹田市長）

○熊本県
　宮本勝彬（水俣市長）
　横谷　巡（山江村長）
○宮崎県
　椎葉晃充（椎葉村長）
○鹿児島県
　大久保明（伊仙町長）
　高岡秀規（徳之島町長）

●脱原発をめざす首長会議

　桜井勝延・南相馬市長、村上達也・東海村長、保坂展人・世田谷区長ら自治体の首長が呼びかけ人となって、住民の生命・財産を守る首長の責務を自覚し、安全な社会を実現するため原子力発電所をなくすことを目的として、2012年4月、設立された。脱原発社会実現のために、(1) 新しい原発は作らない、(2) できるだけ早期に原発をゼロにするという方向性を持ち、他方面へ働きかける――ことを当面の活動としている。　詳しくは、同会のHP（http://mayors.npfree.jp/）参照。

●資料1

ほうとくエネルギー株式会社　設立趣意書

基本理念
1. 将来世代に、より良い環境を残していくために取り組む。
2. 地域社会に貢献できるように取り組む。
3. 地域の志ある市民、事業者が幅広く参加して取り組む。
4. 地域社会に根ざした企業として、透明性の高い経営をする。

エネルギー問題を自分の問題として

現代の我々にとってエネルギーは必須である。エネルギーがなければ、日々の生活をおくることは困難であり、企業は経済活動を行うことができない。しかしながら、これまでエネルギーは当たり前の様に安定して供給されるものであるとの認識の下、そこに様々な問題が内包されていたにも拘わらず、それらが国民的な関心事になることは多くなかった。

しかし、東日本大震災はそういった状況を一変させた。災害時のエネルギーの安定供給や、安全性、コスト、使用済み核燃料処理などの原子力発電に関する様々な課題、各種エネルギー構成比率など、気候変動問題も含めたエネルギーを巡る様々な問題が、まさに今、国民的な議論の俎上にある。

こうした国民的な関心の高まりを背景として、各地域からエネルギーを考える動きが次々と起きている。東日本大震災の教訓を踏まえ、エネルギーの集中生産体制に単に依存するだけではなく、それぞれの地域ができるかぎり分散してエネルギーを生み出す、いわば、エネルギーの地域自給を目指す必要が強く意識され、全国各地で具体的な取り組みも始まっている。

小田原での取り組み

その大きな潮流を先駆けるように小田原においても、市民、事業者、行政が参画する「小田原再生可能エネルギー事業化検討協議会」が立ち上がり、再生可能エネルギーの事業化へ向けた仕組みづくりを中心とした精力的な検討を行ってきた。その結果、再生可能エネルギーの創出と地域への貢献を同時に達成する仕組みづくりについて、一定の結論を得て、この仕組みを実行に移す段階に来た。

なぜ地域での再生可能エネルギーなのか？

　ここで、我々がエネルギー事業を実施するに当たって、その目的や意義を明らかにしたい。
　まず、再生可能エネルギーの導入は環境問題への有効な解となること。地球規模では気候変動問題の有効な緩和策であると同時に、様々な問題点を抱えライフラインを支えるエネルギーとして国民の合意を得ることが難しくなっている原子力発電への依存から脱却し、将来世代が安心して生活を営むことの出来るより良い環境を引き継いでいくために重要であると考える。

　次に、再生可能エネルギーの導入は地域の活性化と自立に大きく貢献する可能性があること。これは、地域における関連産業の発展や新たな雇用の創出、事業で得られた収益の地域への還元などが期待出来ることは当然として、化石燃料の輸入費用として、市外、最終的には国外に流出していた資金を地域内で循環させることが可能となり、地域経済の活性化に資すると考えられるからである。また、公共施設などの拠点に再生可能エネルギーを始めとする分散型のエネルギー設備が導入されれば、災害時等にエネルギーの供給が途絶えた場合にも、最低限の対応が可能となり、地域の防災力の強化にも貢献することが可能と考えられる。本来、エネルギーとは我々の日々の生活に根差したものであり、地域のエネルギーを単に誰かに任せるのではなく、地域の人々が主体的に関与することが重要である。地域の人々が、再生可能エネルギーの導入に関わらなければ、再生可能エネルギーから得られる利益を地域に還元する効果も薄れてしまう。その意味でも、地域の人々の主体的な関与が重要である。

小田原の可能性と優位性

　小田原とその周辺は、都市、工場、住宅、農地、森林、河川、海、火山などの要素がすべてそろったポテンシャルのある地域である。かつては、小田原市内の河川や用水路で水車が広く活用されていた。さらに、市内西部では、小水力発電が行われ、木材の製材に利用されたり、紡績工場に供給されたりしていた記録もある。我々はこれらの地域資源を積極的に活用するとともに、市民、事業者の幅広い参画を得ながら、エネルギーの地域自給を目指し、我が国、ひいては世界をリードする事業を作り上げて行くべきと考える。

より良い環境を引き継ぐ

　郷土の偉人である二宮尊徳翁は、あらゆる人やものには"徳"があり、この徳を引き出して世の中のために役立てる「報徳（ほうとく）」の教えを説いた。現代でもこの教えはこの地で脈々と続いている。これに基づきエネルギーに関する理念を次のように考える。

　　「報徳」：地域に眠っている未利用資源である水、光、木、熱などのエネルギーを自ら掘り起こしていく。

　　「分度（ぶんど）」：自分たちが本当に必要としているエネルギー量を知り、その分内で生活や営みを立てる。

　　「推譲（すいじょう）」：人道は自然ではなく、作為のものである。何ごとでも自然に任せればみんなすたれる。だから、人たるもの知恵はなくとも、力は弱くとも、今年のものを来年に譲り、子孫に譲り、他人に譲れば、必ず成功する。その上に、さらに恩に報いていく。

　こうした尊徳翁の考えを受け継ぎ、将来世代に、より良い環境を引き継ぐことを責務とし、未来のために行動することを目的に「ほうとくエネルギー株式会社」を設立することとした。

以上

※ **報徳の教えと自然エネルギー**

　かつて天明・天保の大飢饉の世に生まれながら、この間600ヵ村にも及ぶ農村復興を成し遂げた我が郷土の偉人である二宮尊徳翁は、自然の理のなかで人間が営む社会や暮らしについて「天道（てんどう）と人道（じんどう）」という言葉を用いながら、人の生きるべき、あるべき道を説きました。

　この地球上で暮らす我々の世代が、未来の子供たちにより良い環境を引き継ぐためには、今一度、天道と人道との調和を図ること、私たちの分度を再考し、自然と共生することが重要なのだと思います。今後、私たちはこれを実現するために、この「報徳思想」を理念としながら、経済政策をも含んだ中長期的な視野に立って、この地にある徳、つまりは自然エネルギーをもう一度見いだし、至誠・勤労の精神で新しい技術革新を生みだし、分度・推譲の精神で地域の連携を生みだし、地域は地域の力で、徳を以って徳に報いるエネルギー政策の実践をしたいと考えます。

● 資料2

湖南市地域自然エネルギー基本条例

公布・施行：平成24年9月21日
条例第19号

前文
　東日本大震災とこれに伴う世界に類をみない大きな原子力発電所事故は、わが国のまちづくりやエネルギー政策に大きな転換を余儀なくしました。これからのエネルギー政策について新たな方向性の確立と取り組みが求められています。
　湖南市では、全国に先駆けて市民共同発電所が稼動するなど、市民が地域に存在する自然エネルギーを共同で利用する先進的な取り組みが展開されてきました。
　自分の周りに存在する自然エネルギーに気づき、地域が主体となった自然エネルギーを活用した取り組みを継続的に進めていくことが大切です。
　わたしたちは、先達が守り育ててきた環境や自然エネルギー資源を活かし、その活用に関する基本理念を明らかにするため、ここに湖南市地域自然エネルギー基本条例を制定します。

（目的）
第1条　この条例は、地域における自然エネルギーの活用について、市、事業者及び市民の役割を明らかにするとともに、地域固有の資源であるとの認識のもと、地域経済の活性化につながる取り組みを推進し、もって地域が主体となった地域社会の持続的な発展に寄与することを目的とする。
（定義）
第2条　この条例において「自然エネルギー」とは、次に掲げるものをいう。
　(1)　太陽光を利用して得られる電気
　(2)　太陽熱
　(3)　太陽熱を利用して得られる電気
　(4)　風力を利用して得られる電気
　(5)　水力発電設備を利用して得られる電気（出力が1,000キロワット以下であるものに限る。）
　(6)　バイオマス（新エネルギー利用等の促進に関する特別措置法施行令（平

成9年政令第208号）第1条第2号に規定するバイオマスをいう。）を利用して得られる燃料、熱又は電気

（基本理念）
第3条　地域に存在する自然エネルギーの活用に関する基本理念は次のとおりとする。
(1)　市、事業者及び市民は、相互に協力して、自然エネルギーの積極的な活用に努めるものとする。
(2)　地域に存在する自然エネルギーは、地域固有の資源であり、経済性に配慮しつつその活用を図るものとする。
(3)　地域に存在する自然エネルギーは、地域に根ざした主体が、地域の発展に資するように活用するものとする。
(4)　地域に存在する自然エネルギーの活用にあたっては、地域ごとの自然条件に合わせた持続性のある活用法に努め、地域内での公平性及び他者への影響に十分配慮するものとする。

（市の役割）
第4条　市は、地域社会が持続的に発展するように、前条の理念に沿って積極的に人材を育成し、事業者や市民への支援等の必要な措置を講ずるものとする。

（事業者の役割）
第5条　事業者は、自然エネルギーの活用に関し、第3条の理念に沿って効率的なエネルギー需給に努めるものとする。

（市民の役割）
第6条　市民は、自然エネルギーについての知識の習得と実践に努めるものとする。
2　市民は、その日常生活において、自然エネルギーの活用に努めるものとする。

（連携の推進等）
第7条　市は、自然エネルギーの活用に関しては、国、地方公共団体、大学、研究機関、市民、事業者及び民間非営利活動法人その他の関係機関と連携を図るとともに、相互の協力が増進されるよう努めるものとする。

（学習の推進及び普及啓発）
第8条　市は、自然エネルギーの活用について、市民及び事業者の理解を深めるため、自然エネルギーに関する学習の推進及び普及啓発について必要な措置を講ずるものとする。

（その他）
第9条　この条例の施行に関し、必要な事項は別に定める。

　　付　則
この条例は、公布の日から施行する。

●資料3

飯田市再生可能エネルギーの導入による
持続可能な地域づくりに関する条例

公布：平成25年3月25日
施行：平成25年4月1日
条例第16号

(目的)
第1条　この条例は、飯田市自治基本条例（平成18年飯田市条例第40号）の理念の下に様々な者が協働して、飯田市民が主体となって飯田市の区域に存する自然資源を環境共生的な方法により再生可能エネルギーとして利用し、持続可能な地域づくりを進めることを飯田市民の権利とすること及びこの権利を保障するために必要となる市の政策を定めることにより、飯田市におけるエネルギーの自立性及び持続可能性の向上並びに地域でのエネルギー利用に伴って排出される温室効果ガスの削減を促進し、もって、持続可能な地域づくりに資することを目的とする。

(用語の意義)
第2条　この条例において用いる用語の意義は、次に定めるところによる。
　(1)　協働　飯田市自治基本条例第3条第8号に規定するものをいう。
　(2)　飯田市民　飯田市の区域に住所を有する個人をいう。
　(3)　再生可能エネルギー　次のアからカまでに掲げるものをいう。
　　ア　太陽光を利用して得られる電気
　　イ　太陽光を利用して得られる熱
　　ウ　風力を利用して得られる電気
　　エ　河川の流水を利用して得られる電気
　　オ　バイオマス（新エネルギー利用等の促進に関する特別措置法施行令（平成9年政令第208号）第1条第1号に規定するバイオマスをいう。）を利用して得られる燃料、熱又は電気
　　カ　前アからオまでに掲げるもののほか、市長が特に認めたもの
　(4)　再生可能エネルギー資源　再生可能エネルギーを得るために用いる自然資源であって、飯田市の区域に存するものをいう。

(地域環境権)
第3条　飯田市民は、自然環境及び地域住民の暮らしと調和する方法により、再生可能エネルギー資源を再生可能エネルギーとして利用し、当該利用による調和的な生活環境の下に生存する権利(以下「地域環境権」という。)を有する。
(地域環境権の行使)
第4条　地域環境権は、次に掲げる条件を備えることにより行使することができる。
(1)　自然環境及び他の飯田市民が有する地域環境権と調和し、これらを次世代へと受け継ぐことが可能な方法により行使されること。
(2)　公共の利益の増進に資するように行使されること。
(3)　再生可能エネルギー資源が存する地域における次のア又はイのいずれかの団体(以下「地域団体」という。)による意思決定を通じて行使されること。
　ア　地縁による団体(地方自治法(昭和22年法律第67号)第260条の2第1項に規定するものをいう。)
　イ　前アのほか、再生可能エネルギー資源が存する地域に居住する飯田市民が構成する団体で、次に掲げる要件を満たすもの
　　(ア)　団体を代表する機関を備えること。
　　(イ)　団体の議事を多数決等の民主的手法により決すること。
　　(ウ)　構成員の変更にかかわらず団体が存続すること。
　　(エ)　規約その他団体の組織及び活動を定める根本規則を有すること。
(市長の責務)
第5条　市長は、飯田市民の地域環境権を保障するために、次に掲げることを実施する責務を有する。
(1)　飯田市民が地域環境権を行使するために必要な基本計画を策定すること。
(2)　前号に規定する基本計画に基づき、再生可能エネルギーを活用した持続可能な地域づくりにおいて主導的な役割を担い、飯田市民の地域環境権の行使を協働により支援すること。
(市民の役割)
第6条　飯田市民は、地域環境権を行使するに当たっては、他の飯田市民の地域環境権を尊重し、次に掲げる事項について、主体的に努めるものとする。
(1)　エネルギーを利用するに当たっては、再生可能エネルギー資源から生み出された再生可能エネルギーを優先して利用すること。
(2)　この条例の規定に基づいて行われる市の施策に協力すること。
(事業者の役割)

第7条　飯田市の区域で活動する事業者は、飯田市民の地域環境権を尊重し、次に掲げる事項に努めるものとする。
　(1)　発電に関する事業を行う場合は、再生可能エネルギー資源を用いた再生可能エネルギーを活用する事業(以下「再生可能エネルギー活用事業」という。)として行うこと。
　(2)　エネルギーを利用するに当たっては、再生可能エネルギー資源から生み出された再生可能エネルギーを優先して利用すること。
　(3)　この条例の規定に基づいて行われる市の施策及び他者が行う再生可能エネルギー活用事業に協力すること。
(支援する事業)
第8条　市長は、第5条第2号の規定により、次に掲げる事業の実施を支援する。
　(1)　第4条第3号に規定する地域団体の意思決定(以下次号において「団体の決定」という。)を経て、当該決定に従って地域団体が自ら行う再生可能エネルギー活用事業
　(2)　団体の決定を経て、当該決定に従って地域団体及び公共的団体等が協力して行う再生可能エネルギー活用事業
(支援のための申出等)
第9条　前条に規定する支援を受けようとする場合は、次の各号に掲げる事業の種類に応じ、それぞれ当該各号に定める者が市長に申し出なければならない。この場合において当該申出を行う者(以下「申出者」という。)は、実施しようとする再生可能エネルギー活用事業の内容を明らかにした書面によりこれを行わなければならない。
　(1)　前条第1号に規定する事業　地域団体
　(2)　前条第2号に規定する事業　地域団体及びこれに協力する公共的団体等
2　市長は、前項の申出者に対し、次に掲げる事項を基準として指導、助言等を行う。
　(1)　再生可能エネルギー活用事業を行う者が備えるべき人的条件
　(2)　地域住民への公益的な利益還元その他再生可能エネルギー活用事業が備えるべき公共性
　(3)　実施しようとする再生可能エネルギー活用事業に充てられるべき自己資金の割合
　(4)　再生可能エネルギー活用事業を運営するに当たり、申出者が担うべき役割及び責任の内容

(5) 前条第2号に規定する事業にあっては、協力する相手方である公共的団体等が備えるべき公共性
(6) 前各号に定めるもののほか、市長が必要と認めた事項
(市長による支援)
第10条　市長は、前条第2項に掲げる基準に照らして適当と認めた事業を、協働による公共サービス(公共サービス基本法(平成21年法律第40号)第2条第2号に規定するもの又はこれに準じるものをいう。)と決定し、当該決定した事業(以下「地域公共再生可能エネルギー活用事業」という。)を実施しようとするもの(以下「実施者」という。)に対し、必要に応じ、次に掲げる支援を行う。
(1) 継続性及び安定性のある実施計画の策定並びにその運営のために必要となる助言
(2) 金融機関及び投資家による投融資資金が地域公共再生可能エネルギー活用事業に安定的に投融資されることを促し、初期費用を調達しやすい環境を整えるための信用力の付与に資する事項
(3) 補助金の交付又は資金の貸付け
(4) 市有財産を用いて地域公共再生可能エネルギー活用事業を行おうとする場合においては、当該市有財産に係る利用権原の付与
2　市長は、実施者と飯田市との役割分担及び各自の責任の所在を、書面をもって定める。
3　市長は、地域公共再生可能エネルギー活用事業が現に行われている期間においては、実施者に対し、当該事業が継続性及び安定性をもって運営されるために必要な指導、助言等をすることができる。
(実施者の公募)
第11条　第9条第1項の規定にかかわらず、市長は、地域公共再生可能エネルギー活用事業の実施者を公募し、当該公募に応じたものについて前条の規定を適用することができる。この場合において、前条第1項中「前条第2項に掲げる基準に照らして」とあるのは、「必要と認めたときは、再生可能エネルギー活用事業を行う者を公募し、」と読み替えて適用する。
(飯田市再生可能エネルギー導入支援審査会)
第12条　第9条第2項及び第10条第3項に規定する指導、助言等並びに第10条第1項に規定する支援(以下次項において「支援等」と総称する。)を専門的知見に基づいて行うため、飯田市に、飯田市再生可能エネルギー導入支援審査会(以下「審査会」という。)を置く。

2　審査会は、市長が支援等を適切に行うために必要な事項について、市長の諮問に応じて専門的知見に基づく審査等を行い、市長に答申する。
3　市長は、前項の規定による審査会の答申があった場合は、その内容を尊重して支援等を行わなければならない。
(審査会の組織)
第13条　審査会は、学識経験を有する者のうちから市長が任命する者(以下「委員」という。)15人以内で組織する。
2　委員の任期は2年とする。ただし、再任を妨げない。
3　委員が事故その他の理由によりその任務を遂行できなくなったときは、市長は、補欠委員を任命するものとする。この場合において、当該補欠委員の任期は、前任者の残任期間とする。
(会長)
第14条　審査会に会長を置き、委員の互選をもってこれを定める。
2　会長は、審査会を代表し、審査会を招集し、審査会の会議において議長となる。
(臨時委員)
第15条　会長は、第12条第2項に規定する審査会の事務を行うに当たって必要と認める場合は、市長に対し、前条に定めるもののほか、20人を超えない範囲において臨時に特定の事項について審査等を行うための委員を任命するよう申し出ることができる。この場合において、市長が適当と認めたときは、市長は、当該申出のあった数以下の委員を任命するものとする。
2　前項の規定により任命された委員の任期は、当該審査等を行うべき事項に応じ市長が定める。
(守秘義務)
第16条　委員は、職務上知り得た秘密を漏らしてはならない。その職を退いた後も同様とする。
(助言)
第17条　審査会は、必要と認めたときは、既に行われている地域公共再生可能エネルギー活用事業の実施状況を調査し、当該事業の実施者に対して必要な助言をすることができる。
(答申内容の公告)
第18条　市長は、審査会から第9条第2項第2号、同項第5号及び第10条第1項第1号に関する答申を受けた場合は、その内容を公告する。

(飯田市再生可能エネルギー推進基金)

第19条　第10条第1項第3号の規定による、地域公共再生可能エネルギー活用事業に対する貸付金の財源に充てるため、飯田市再生可能エネルギー推進基金(以下「基金」という。)を設置する。

2　基金の総額は4,000万円とする。

(基金への繰入れ)

第20条　市長は、使途を限定した寄附があった場合は、予算の定めるところにより基金に繰り入れる。

2　前項の規定により繰入れが行われたときは、前条第2項の規定にかかわらず、基金の総額は、当該繰入れ前の基金の総額に当該繰入れが行われた額を加えた額とする。

(資金の貸付け)

第21条　市長は、実施者に対し、基金を財源として、資金の貸付けを行う。

2　前項の規定により貸し付けられる資金(以下「貸付金」という。)は、地域公共再生可能エネルギー活用事業に係る建設工事を発注するための調査に直接必要な経費にのみ充てることができる。

3　貸付金の貸付けは、一の実施者につき1回とする。

4　貸付金の貸付額は、一の実施者につき1,000万円を限度とする。ただし、基金に属する現金の額が1,000万円を下回る場合にあっては、当該基金に属する現金の額を貸付額の限度とする。

(償還)

第22条　貸付金は無利子とし、貸付金の貸付けを受けた日が属する年度の翌々年度から、年賦で均等に償還するものとする。

2　前項の規定による償還の期間は、償還を開始した年度から起算して10年以内とする。

3　前2項の規定にかかわらず、考慮すべき事情があると市長が認めた場合は、償還方法を月賦又は半年賦とし、又は償還年限を短縮し、若しくは延長することができる。

(貸付けの決定の取消し)

第23条　貸付金の貸付けを受けた者が次の各号のいずれかに該当すると認めたときは、市長は、貸付金の貸付けの決定を取り消し、又は既に貸し付けた貸付金の返還を求める。ただし、やむを得ない事情があるものと認めた場合にあっては、この限りでない。

(1)　実施者において地域公共再生可能エネルギー活用事業の実施が不可能となり、又は当該実施が困難である明白な事由が発生したとき。
　(2)　第21条第2項の規定に反したとき。
　(3)　実施者が解散し、又は不在となる見込みとなったとき。
2　前条の規定にかかわらず、前項の規定により貸付金の返還を求める場合にあっては、貸付金の貸付けを受けた者は、期限の利益を喪失する。
（委任）
第24条　この条例に定めるもののほか、この条例の施行に関し必要な事項は、市長が規則で定める。

　附則
（施行期日）
1　この条例は、平成25年4月1日から施行する。
（飯田市特別職の職員で非常勤の者の報酬に関する条例の一部改正）
2　飯田市特別職の職員で非常勤の者の報酬に関する条例（昭和37年飯田市条例第10号）の一部　を次のように改正する。

別表中｜飯田市環境審議会の委員｜を

｜飯田市環境審議会の委員
飯田市再生可能エネルギー導入支援審査会の委員｜に改める。

◎編著者プロフィール

小石勝朗（こいし・かつろう） 新聞記者として24年間、各地で勤務した後、2011年からフリーライター。冤罪、憲法、原発、地方自治、基地などの社会問題を中心に幅広く取材し、雑誌やウェブに執筆している。ウェブ週刊誌の「マガジン9」に「法浪記」を連載。

越膳綾子（えちぜん・あやこ） 青森県生まれ。フリーライター。医療・福祉問題を中心に取材活動をしている。3・11を機に、地域の自立問題に関心を持つ。ウェブ週刊誌「マガジン9」では、「下北半島プロジェクト」のメンバーとして六ヶ所村に関する映画上映会、一人芝居上演をプロデュース。

地域エネルギー発電所
事業化の最前線

2013年10月10日　第1版第1刷

編著者────小石勝朗・越膳綾子
編集協力────脱原発をめざす首長会議
発行人────成澤壽信
発行所────株式会社現代人文社
　　　　　〒160-0004　東京都新宿区四谷2-10ハッ橋ビル7階
　　　　　振替 00130-3-52366
　　　　　電話 03-5379-0307（代表）
　　　　　FAX 03-5379-5388
　　　　　E-Mail henshu@genjin.jp（代表）／hanbai@genjin.jp（販売）
　　　　　Web http://www.genjin.jp
発売所────株式会社大学図書
印刷所────株式会社ミツワ
装　丁────加藤英一郎

検印省略　PRINTED IN JAPAN　ISBN978-4-87798-554-7　C0036
© 2013　Katsurou Koishi　Ayako Echizen

本書の一部あるいは全部を無断で複写・転載・転訳載などをすること、または磁気媒体等に入力することは、法律で認められた場合を除き、著作者および出版者の権利の侵害となりますので、これらの行為をする場合には、あらかじめ小社また編集者宛に承諾を求めてください。